谁说我们不能生气

沟通大师福田健教你生气的艺术

〔日〕福

于

北京理工大学出版社
BEIJING INSTITUTE OF TECHNOLOGY PRESS

图书在版编目（CIP）数据

谁说我们不能生气：沟通大师福田健教你生气的艺术 /（日）福田健著；于雷译. — 北京：北京理工大学出版社，2016.9

ISBN 978-7-5682-1586-2

Ⅰ. ①谁… Ⅱ. ①福… ②于… Ⅲ. ①情绪 — 自我控制 Ⅳ. ①B842.6

中国版本图书馆CIP数据核字（2015）第288166号

出版发行 / 北京理工大学出版社有限责任公司
社　　址 / 北京市海淀区中关村南大街 5 号
邮　　编 / 100081
电　　话 /（010）68914775（总编室）
（010）82562903（教材售后服务热线）
（010）68948351（其他图书服务热线）
网　　址 / http: //www.bitpress.com.cn
经　　销 / 全国各地新华书店
印　　刷 / 三河市九洲财鑫印刷有限公司
开　　本 / 700 毫米 × 1000 毫米　1/16
印　　张 / 12.25　　责任编辑 / 刘　娟
字　　数 / 128千字　　文案编辑 / 刘　娟
版　　次 / 2016 年 9 月第 1 版　2016 年 9 月第 1 次印刷　　责任校对 / 周瑞红
定　　价 / 32.00元　　责任印制 / 边心超

前言

生气是件好事

“有钱人不吵架”是有魔力的低语

沿着笔直道路前行的轿车经过丁字路口时，一辆小型车一刻未停地从左侧插了进来。

因为事发突然，直行的轿车虽然紧急刹车，但也未能完全避开闯入的车辆，在“吱”的一声刹车声后，现场紧接着传来“咚”的一声车辆碰撞声。

直行轿车的后侧面与从左侧闯入的小型车的保险杠发生碰撞，两辆车分别被弹至一米以外，同时停了下来。

附近的行人有数人停下了脚步，同时，这两辆车的司机也从各自的车上走了下来。

那辆小型车在进入丁字路口时一刻都没有减速，过错明显就在这一方，通常情况下，轿车司机会责备小型车司机说："太危险了！你为什么突然插了进来？"但这次，轿车司机只是以平静的语气问道："没问题吧？没受伤吧？"

驾驶小型车的是一位50岁左右的男子，他回答道："嗯，没问题。不过，您的车的后部好像凹了下去。"

这时，坐在轿车后座上那位年长的、看起来很富有的绅士，悠然地走下了车，回应道："不，不用担心。您的车的保险杠没问题吧？"

这种温和的、担心着对方的态度，让小型车的司机感到很过意不去。

"实在对不起！是我没注意。我来承担修理费……"

"不，由我们共同来承担，怎么样？"

年长的男士拿出名片说道："这是我的名片。您如果有什么问题，请联系我。"

小型车的司机也赶紧从口袋中找出名片递过去，不安地低着头说："对不起。如果有什么事请务必联系我……"

事情继续这样平和地发展着。

围观的几个行人原本以为会看到激烈的争吵，结果事情的发展脱离了人们的预想，完全没有发展成什么麻烦事。对那位稍施一礼离去后的绅士，人们议论道：

"这就是人们所说的'有钱人不吵架'吧？"

"这个人真了不起！估计是哪个公司的社长吧？"

两个当事人相互道歉、鞠躬的样子，给人们留下了深刻印象。

这是我半年前所碰到的场面。

遭受意外时不急于指责对方，能在得到对方感谢的同时，理顺事态，这样的处理既巧妙，又优秀。

只是当时在场的那个男子所说的“有钱人不吵架”，仍然印在我的心上。

没有责怪对方的疏忽大意，反而担心对方是否受伤，也不向对方要求车辆凹痕的修理费用，可以说，正是因为有金钱上的余裕，才能这样做事吧？那么，修理费由自己来承担，是不是吃亏了呢？其实并非如此。事情在短时间内得到了解决，还收获了对方的敬意，从这点来看，也可以说是占便宜了。那个有钱人可能是在准确地计算了整件事情之后，才做出那样的举动吧。

从有钱人的立场而言，不吵架、不大声发脾气，可能会更不费事、更顺利地处理好事情，所以才做到不去生气。

对人而言，无论是谁，都“不想吃亏”，而“避免吃亏”就是最佳选择。

那个有钱人不吵架、不生气，就是因为他遵循了这个原则。

但是，“不吵架，不生气”未必就适合“有钱人”以外的人。

不过，普通人因遇到不公正对待而生起气来时，也会被忠告说：“常言道：有钱人不吵架。生气得不到任何结果。不生气为好。”也就是说，将“有钱人不吵架”作为“生气不好”的理由，扩大应用到有钱人以外的人。

大多数人并不是有钱人，所以，当被劝说“有钱人不吵架”时，人们通常会明确地否定道：“我不是有钱人。”

但是这时就会有人将“有钱人”替换为“钱财宽裕的人”“成功的人”，以“钱财宽裕的人不吵架”“成功的人不生气”为理由，向你劝说道：不生气为好。

在这里，作为第二个问题，我想提出疑问：生气真的不好吗？

虽然认真埋头工作是好事，但上司不断将新的工作交给你，无法忍受重负的部下难免会生起气来。

这时，不知从哪里传来悄声低语：“还是辞职为好。生气也不会得到什么好处。”

这时，你会想到“嗯，没什么值得生气的”，因而停止“生气”。

请你不要忘记，“有钱人不吵架”（生气也得不到什么）这句话就如同“有魔力的低语”一般，让你相信“生气不好”。

是“好”还是“坏”，不生气试试就不会知道

任何事都是如此，在没有尝试之前，其结果是不可预知的。

而尝试之后，结果是好是坏，是顺利还是不顺利，就会明了。

已经习惯了方便舒适生活的我们，都会非常想保持这种舒适愉快的状态。

也许正因为如此，对于那些结果不明确的事情，我们会尽量去避免。

在做事前，我们会制订计划，做好准备，以确保事情按照预想的趋势发展，然后才去着手行动。当然，这样做不仅安全，顺利进行的可能性也大。

这里有两种选择，你会选择哪种呢？

① 未来的事情不清楚，所以，最好保持现在的状态。

② 未来的事情不清楚，但正因为如此，才要进行各种尝试，改变现状。

选择①，会让你安逸，但现状不会改变。

选择②，如果尝试失败的话，受到的损失会很大，所以，有些人会放弃。但是，如果你不想让现状中存在的问题继续下去，而是想创造出一个更好的状态，建议你选择②。

“生气不好”的说法，是以“即使生气事情也不会因此而变得顺利”为前提条件的。

但到底是顺利还是不顺利，只有生过气之后才会明白。

确实，生气是一种伴随着失败可能性的危险的交流方式。

因为你是边说着“你错了”“你做得非常不恰当”“请改正”边接近对方，所以，对方会认为你“是不是想和我作对啊”，因而做出强烈的抵触行为。结果，你所提出的“请改正”这个核心内容本身被无视，你反而被对方视作“自以为是的家伙”“啰唆、讨厌的人”，进而被对方“敬而远之”。

这样，人们就会想着不要去生气，将希望寄托于即使自己不说对方也会意识到问题、对方不久就应该能“改变”等期待之上，进而停止生气。

上述的行为类型绝不少见。

不过，这里也有你没看到的东西：

第一，如果保持沉默，对方会意识不到问题。更可能的情况是，对方即使意识到了，也会装作意识不到。

第二，如果生气后事情发展得不顺利（比如对方态度很差），并不是生气本身不好，而是在生气的方法上存在问题。如果能够在生气的方法上动脑筋，并进行改变，那么，对方接受你的态度的可能性还是很大的。

如果意识到了问题却什么都不做，你就会变成一个不会生气的人。

虽然感觉到了可能会有不顺利的危险，但为改变现状、为消除不满，还是选择了生气。我认为，这样的态度，在现在，非常重要。

“生气”与“批评”有什么不同?

当我们提及“生气”这个问题时，一定会有人提出疑问：“这说的不是‘批评’吗？”进而，人们还会问：“批评与生气有什么不同？”

实际上，“批评”与“生气”的区别是很微妙的，也有人会说：“批评”如果被滥用，就会变成“生气”，等等。

第一，“批评”是那些承担着教育他人的职责的人，指出对方的态度、行为、想法等错误以及违反规则之处，以希望对方改正为目的所进行的交流。

人都是不完美的，有很多弱点，在失败时也会做出令人不满意的行为。同时，人也是一种意识不到自己的弱点与浅薄之处的“令人难堪的存在”。

要想改变这些弱点、缺点，使自己进步，就必须借助他人的力量，这就需要“批评”这种形式的交流，在这种交流中人们会受到启发，进而完善自我。

“你错了！”

“这样的做法不行！”

因为诸如此类的批评都伴随着否定的态度，所以，反过来对方的抵触情绪就会很强。结果，一旦批评对方的话，对方就可能会有如下反应：

- 顶嘴，或抱怨
- 怄气，一言不发
- 说想辞职

会有很多人无法接受批评的语言，进而做出上述的反应，这样，做出批评的一方中有人也很可能会变得气愤，或盛气凌人。

因为坚定地认为自己是在说正确的事情，所以，对“不能听自己讲话”“不能按照自己说的去做”的对方，就会以气势汹汹的态度，大声斥责道：

“凭什么抱怨啊！”

“你这是什么态度啊！”

“被批评了就说要辞职，简直岂有此理！”

如果不控制情绪，严加指责的话，就已经不是“批评”了，但也不是

"生气"，而是"发火"。

第二，"生气"属于，只要是人，无论是谁都能感知的自然的情感，无所谓好，也无所谓坏。

如果说"批评"是为了培养人，那么，"生气"则是为了活得像自己，对于"不当的行为""只图自己方便的要求""不守约""伤害人的言论"等，希望达到以下目的：

- 要求改善
- 希望理解，进行道歉

大声斥责他人，或大发雷霆进行指责，就不属于"生气"。这些行为与"生气"相比，看似相同，实际上完全不同，这样的行为必须与合理的生气——"在应该生气的时候传达生气的情感，让对方认可，谋求问题的解决"——加以区别。

"批评"之中会混入不讨人喜欢的"生气"，所以，两者的差别有时难以分辨。

"批评"与"生气"是属于目的相异的不一样的交流方式。

大发雷霆地发泄怒火的行为，既不是"批评"，也不是"生气"，这点必须注意。

从对生气的误解中解放出来！

谁都可以生气。

通过生气，表达自己真正的心情，实现心意相通的交流。为此，不是随便地生气，而是要掌握“生气的艺术”，“在该生气时好好地生气”。

▼ 在阅读本书之前的自我提问【关于生气的十个问题】

① 一周会多次感到生气吗?

② 感到生气时，每次都会向对方传达吗?

③ 每次感到生气时，基本上都是双方什么都不说就过去了吗?

④ 你认为“生气就会吃亏”“不生气为好”吗?

⑤ 你觉得在自己快要生气时，最应该注意什么?

⑥ 你曾经有过勃然大怒的时候吗?

⑦ 无故生气时，你能坦率地道歉吗?

⑧ 有没有生气时绝对不能说的话?

⑨ 当别人对你生气时，你采取什么样的态度?

⑩ 生过气后，事情得到解决了吗?

目录

第一章　不满的话就生气吧！

▼ 本章要点——生气的益处【在生气中所得到的】

1. 对不当的事情，直接说出其不当 / 003

男人流泪也不稀奇的时代 / 003

首先尝试用语言表现出来 / 005

2. 即使忍耐，怒气也不会消失 / 009

“发火”是因为“忍耐不够”吗？ / 009

以明确的态度面对对方 / 011

3. 不隐瞒才能形成良好的关系 / 014

为什么想隐瞒生气？ / 014

即使隐瞒本心，也会马上被发觉 / 016

4. “生气”的根源在于想要改善现状的强烈愿望 / 017

人为什么生气？ / 017

生气也需要大量的计算 / 018

你生气的标准是什么？ / 021

从为何事而生气可以判断一个人的价值观 / 022

围绕“报告”，我们进一步展开议论 / 023

如果放弃了生气，那么以前所做的都白费了 / 026

5. 这样做，心情会变得轻松 / 028

“不生气”与“不能生气”的区别 / 028

“试着说出口”，会明白很多事情 / 031

第二章 不生气为好的场合

▼ 本章要点——生气时不要这样做【这样的做法令人讨厌】

1. “容易发火的人”是什么样的人？ / 035

“生气”与“发火”有什么不同？ / 035

为什么“发火的人”在增多？ / 037

中年人生气的理由是？ / 038

年轻人令人意外地更容易发火 / 039

2. 生气也是一种交流 / 041

单方面地发出信息并非交流 / 041

为了能在生气时保持冷静而需要注意的事项 / 042

单方面告知就算结束了吗？ / 044

对于不想倾听他人意见的对手，你怎么办呢？ / 046

3. 改变浮躁、变得快乐之法 / 049

关于三木清所说的“三种怒” / 049

与生气相比，身体状况管理更要优先 / 051

改变不高兴的方法 / 052

4. 当事情未如期望的那样发展时，就考验你的说话能力了 / 056

为守护自己的名誉而生气 / 056

因对方未回应而生气 / 057

向别人托付事情被拒绝时 / 058

当自己的意见遭到反对时 / 059

5. 不可以生气的三种情况 / 061

如果不能将自己的意见正确传达给对方，生气就没意义 / 061

关键时刻保护对方 / 063

也有令你无法生气的对手 / 065

第三章 生气的艺术

▼ 本章要点——生气的要诀【生气方法的十个原则】

1. 让日常关系起到作用 / 071

通过打招呼来打下人际关系基础 / 071

生气也需要得到对方许可 / 074

了解生气方式的特点 / 076

2. 认清情感的真实面目 / 081

为了使情感表达更加丰富 / 081

“怒”这种情感，无所谓好，也无所谓坏 / 084

当怒气遭到抑制时，你会怎样呢？ / 085

生气是人的主观意识的情感表现 / 088

探究作为生气的根源的情感面目 / 090

以自己的情感为优先 / 094

3. 良好地传达生气情绪的方法 / 097

（1）控制生气 / 097

呼一口气，平复心情 / 098

通过活动身体，改变心情 / 099

回忆自己平静处理事务时的场景 / 101

（2）怎样表现生气？ / 103

不能突然否定对方 / 104

首先说一句肯定对方的话 / 106

说出“我是这样感觉的” / 108

（3）以正常的声音慢慢地说 / 114

用声音可以调节心情 / 114

声音小的人应该懂得的事情 / 115

（4）试着将生气时的心情写到纸上 / 117

把心情写到纸上的两个好处 / 119

怎样写能看得清自己的心情？ / 120

（5）即使生气也绝不能说的一句话 / 122

致命的一句话 / 122

所谓“触及逆鳞”的一句话 / 125

“绝交”这个词成为废词的背景 / 126

第四章 生气之后的收尾方法

▼ 本章要点——不能生完气就不管了【收尾的十个原则】

1. 因收尾的方法不同，人际关系也会变得不同 / 131

不生气的最大理由，是不知道生气之后如何面对 / 131

对生气的对象说“谢谢” / 132

确认希望对方怎么做 / 133

2. 生气也无法沟通时 / 135

如果对方满不在乎，你怎么办？ / 135

对做出“不在意表情”的对方，如何进行收尾？ / 136
笑着进行敷衍的类型 / 138

3. 留出时间进行思考 / 140
不要仅限于单方面的通知 / 140
逼迫对方当时解决问题的人 / 142

4. 错误生气时的收尾方法 / 144
喝酒时注意不要生气过火 / 144
不能生完气就不管了 / 146

5. 利落地结束生气的方法 / 148

第五章 关于“应对生气的方法”的心得
▼ 本章要点——应对生气方法的心得【倾听的十个原则】

1. 在他人对你生气的过程中成长 / 153
“生气的技巧”通过与“应对生气的技巧”相互作用而成熟 / 153
即使抱怨对方“采取高高在上的态度”，也没什么用 / 155

2. 生气者需要倾听者的支持，才能达成沟通 / 158
对方生气时，正是你“能够听到其真心话”的良机 / 158
生气者需要听者的支持 / 160

3. 因对象的不同而改变应对生气的方法 / 162
通过提问，让对方注意 / 162
询问出对方生气的根本原因 / 164

4. 通过态度表现自己在倾听 / 168
越是在自己生气的时候，越要注意自己的态度 / 168
以态度表示在倾听 / 169
倾听时需要留意的三个要点 / 170

5. 当对方大声喊叫时，你怎么办？ / 173
不上对方挑衅的当，表示“你说的意思我没理解” / 173
真正有能力的人会以平静的语气表达生气 / 174

后记 / 176

第一章

不满的话就生气吧！

▼ 本章要点——生气的益处【在生气中所得到的】

① 消除烦恼，心情变得轻松。

② 留意到问题，问题意识增强。

③ 更加关心对方。

④ 不再过分害怕生气。

⑤ 能够坦率地面对生气。

⑥ 和对方能够进行深入的谈话了。

⑦ 能恰当地表达内心的不满。

⑧ 思考能力得到发展。

⑨ 知道了应该对什么生气。

⑩ 通过生气，提高“生气的技巧”。

1. 对不当的事情，直接说出其不当

男人流泪也不稀奇的时代

“克制是一种美德。”

长期以来，日本人一直沉溺于这种美德。无论碰到什么事，都会克制自己，不越位，甚至退后一步。这样是不是吃亏呢？周围的人会体谅你的自我控制的想法，会对你做出诸如“有修养的人”“有自知之明的人”等评价，这样，你反而是赚了。

在这样一个相互了解脾气和个性、被牢固的纽带连接在一起的、人际关系类似于村庄的集体当中，“克制”是日本人所擅长的本事。在“过去的日本”，爱说话被认为是“多嘴多舌”，并不被称赞。

但在今天，说话不再被当作多余，相反被视为重要的事情。这样，自我克制不仅不是美德，反而可能是一种令他人困惑的态度。

对感情也一样。以往在人际交往中，对所有事情都以克制为优先、不将感情流露于外的做法受到欢迎。女性随意表达喜悦，会被当作“不端庄”，而男子在众人面前掉泪，则会被视为“羞耻”之举。

当然，这也已经是过去的事情了，现在，无论男女，表达喜悦或悲伤的情绪已经是很平常的事情了，甚至会受到鼓励。

男运动员获得胜利时，会振臂高呼以表达喜悦之情，这已经成为很自然的姿势。女运动员为了给自己鼓劲儿，会“啊”“呀”地发出短促、尖锐的叫声，现在这种行为也不会再被人视为“不文雅”，而是被广泛地接受了。

流泪不仅仅表达悲伤；“高兴地流泪”“悔恨地流泪”等，不再是稀奇的举止。

某女股长曾经说道：

“现在的年轻男性，当遇到别人对他发火时，有的人就会哭鼻子。如果我发火时措辞严厉一点儿，对方眼睛里就会涌出泪花，我只能慌忙对他说：‘这用不着哭鼻子吧！’……总之，现在是男人也会在你面前掉泪的时代。”

眼泪好像已经不是女人的专利了。

不过，这里有一个不可思议的现实情况。

在情感表达已经不再被禁止的时代，唯有“生气的情感”依然没有被解除限制。

在今天，人们仍然将生气视为不好的习惯，而认为“不生气是美德”。

为什么呢？

因为人在生气时情绪难以控制，一气之下常常有过火之举，伴随着危险。也就是说，因为生气是一种“操作上需要非常小心”的危险物。

有时，甚至有人会热血上头，做出反社会的行为。在这种情况下，生气就会造成不良的社会影响，当事人也将会受到法律的制裁。

但是，禁止生气是正确的做法吗？

首先尝试用语言表现出来

因为生气也是感情的一种表达，所以，“表达生气”本身是正常人的表现，“因生气而发怒”是人的内心自然作用的过程和表现。

在每天的工作中，每个人内心的感知器会感知到诸如：

- 不当
- 反常
- 能视而不见吗？

也就是说，有很多事情会让你做出如上反应。

当你做出诸如“这样沉默下去不行”的判断时，就会生气；而俗语常说“有话不说，肚子会憋胀的”。

这样持续生气而不表达，人的内心就会“扭曲”“乖张”“抱怨”，等等，无法正常发挥机能。

要想使情绪得到正常宣泄，“感觉到不当，就去表现”。

应该把这个当作座右铭!

正当我写本书稿的时候，一则电视新闻跳入眼帘。

栃木县对县内学校的学生进行了“关于被欺负的问卷调查”，老师将问卷专用纸张发给了学生，让学生填写。在某小学三年级的班上，一名女学生在“是否有过被欺负的经历”的项目中的“有”上画了圈，并将“被人用铅笔尖扎过”作为被欺负的事例填写到问卷纸上，然后交给了老师。

收到问卷纸的30多岁的女老师说：“这不能算是欺负，所以，不该在‘有’而应该在‘没有’上画圈。”然后命令女学生重新填写。

也就是说，问题在于负责问卷调查的老师否定了欺负的事实，并在众多孩子面前命令那孩子改写。教育委员会的相关负责人用老一套的说辞进行辩解道：“这是不该发生的事情。我们会在详细确认之后，对此事予以处理。”

而电视台记者则补充道：“据那位女老师说，‘觉得那不是欺负，而是暴力，所以才让孩子改写的’。”

那么，老师让孩子将调查问卷改写为没有被欺负的这件事，为什么会被曝光，成为人人皆知的事情呢?

按照我的想象，应该是被老师命令改写问卷的孩子觉得无法理解，回家之后就跟父母说了，父母听到之后，感觉到“老师这个做法不当”，故向同年级学生的家长也说了此事。“太过分了！”当来自其他家长的呼声高涨时，事情就传到学校校长、教育部委员那里，最后媒体也因此知道了吧。

不听孩子的意见，就驳斥说“不存在欺负的情况”，对老师的这种态度，作为一般的家长，无论是谁都会感到“过分”，并会将这种心情反馈给老师。这也是家长理所应当的行为。这时，作为当事人的老师会说“以后会改正”，并想以这样一句话来了结此事，家长会说：“孩子不得不在‘没有’上画了圈。请恢复原状。”如果老师不答应，家长就会进一步去找校长。

家长的这种行为，与被学校称为“怪兽家长”（无理取闹的家长）的那一类所做出的举动是完全不同的。这是普通家长的理所当然的行为。

日常生活中所感觉到的“不当”“反常”，会让人产生“不能置之不理”“要想办法做点什么”之类的想法。这就是生气，是为了将改善的要求传达给对方所进行的一种推动。说出口，变成语言，向对方陈述，就会变成改变现状的力量。

- 对不当的事情，直接说出其不当

基准点就是这个。

问题有两点：

第一，对“不当的事情”的判断。

当被指出“如果因为这样的事情生气，生气本身就不当”时，生气就变成“不当的事情”。当“以什么标准来判断‘不当’”本身发生动摇时，就无法生气了。

第二，即使在事情明显不当的场合，“说出其不当”本身也并不简单。

可以预想到，当表明生气时，会遇到来自对方的抗拒和反击，同时，也有失去理性、“刹不住车”的危险。

对此，需要的是“勇气”和“生气的技巧”这两点，即培养勇气，掌握技巧。这就是本书的课题。

2. 即使忍耐，怒气也不会消失

“发火”是因为“忍耐不够”吗？

我在30多岁时，碰到听不懂话的人，多半会勃然大怒。

“大发雷霆地生气，是因为你的耐心不够。”

“稍稍忍耐一下的话，事情就过去了。你不会是连这个都不懂的人吧？”

这时前辈会发出上面的评论，其表情简直就差说出“你是个不可救药的家伙”了。

其结果是让我深信：生气是因为我太年轻气盛，忍耐力不够。

但是，真的是这样吗？

一直相信“忍耐胜于生气”的我，随着年龄的增加，即使想生气，也能够控制得住了。但是，有一天发生了一件事情，让我意识到这样一味忍耐并不能解决问题。

有个活儿预计在那天加工完成，所以，到了那天我就去取货，结果，他（干活的人）说："还没完成。"

"啊？那可糟了。"

"有点儿忙，所以，还需要两天左右的时间。"

"那你为什么不事先告诉我呢？"

之前一直被克制着的我的急躁性格，突然间爆发出来。我表现出了强烈的愤怒。

在此之前，实际上他已经有过好几次类似的不遵守时间约定的情况了，我也知道他有这个毛病，但这次的情况实在太严重。

在知道时间来不及的时候，当然应该预先通知我吧？

我特意花费时间去取货，结果，到这个时候他才说"还需要两天时间"，他到底是什么意图啊？

"藐视他人也要有分寸。"

"真的看错人了。再也不会把活儿交给你。"

恼怒到极点，我最后甚至脱口而出类似于警告的话。

我问自己，也许正因为长期以来与对方一直有合作，相互比较熟悉，所以才会生气过了头吧？现在不能这样继续下去了，那种生气过后的不好的感觉现在还留在我的头脑中。

我将这样的想法坦率地跟与我关系密切的人说了出来。他听了之后说道：

"你每次生气都隐忍不说，这样并不好。"

也就是说，虽然感到生气，却忍耐着，态度暧昧、含糊其辞，结果遭到了“报应”，所以我自身也有问题。

一边忍耐着，一边客气地表达生气之意，结果不仅没有把自己的意图传达给对方，反而使对方不把你放在眼里，产生“我的不当行为被允许”的想法；而另一方面，自己内心的不满却逐渐膨胀起来，寻找着爆发的机会。

为了建立良好的人际关系，认为“忍耐最重要”的想法是个大大的错误。

生气，是一种操作上需要小心的危险物。

所以，应该在注意操作方法的同时，正确地将生气这种情绪向对方传达过去。

我自身的事例，正提示了这一点。像我的事例所显示的那样，突然“发火”，并非忍耐不足，而是忍耐过头，生气超过了你所能忍耐的程度时所发生的情况。

以明确的态度面对对方

围绕着休假问题，科长对股长C说：“股长，去年我把休假让给你了，今年，我想在下周休息三天。”

对于科长这样的说辞，股长C非常不满。去年，科长故意像施恩一样对他说过“喂，下周的休假让给你了，你可以休假，好好休假吧”等等，但隔了一周，科长自己休了五天。那期间，C不得不为准备9月的展览会而奔走。

科长做任何事都是这个调子，只选取对自己有利的，而将麻烦都推给部下。看到科长奸猾，C自然没少生气。

实际上，C原本计划下周的上半周请假与女友驾车远游，在上周他已经貌似不经意地向科长讲了要请假的想法。虽然C的请假方式也有些滑头，但科长是可以接受这种请假方式的。

C本来想说："科长，话不对啊。上周我不是向您申请过休假吗？"但他没有说出口。因为他明白，如果这样说，科长肯定会回答说："我没听你说过啊。你有什么特别需要请假的事由吗？如果那样的话，我不会忘记问的。"

C在心里对自己说："这事自己忍一下就过去了。只能对女友解释一下，争取理解。"最终，C什么都没对科长说。

但这样做的结果，只会使C心里越发焦躁。科长连一句"谢谢"都没说，而女友也失望地说："哪怕你跟上司说一句也行啊。"

"我也想和你一起去驾车远游啊。不能理解一下我的心情吗？"对于谁都不能理解自己的现状，C感到无法形容的焦躁。

由此形成"忍耐的结果只能导致自己成为受害者"的意识，其结果是很容易产生对周遭人事的怨气。这种怨气不久就会转为憎恨，并伴随着对其他人抱有攻击性情绪的危险。

如果感到生气，就要明确地让对方知道你的态度。

"上周，我向你申请过休假。"

“不，没听到啊。或者，你没有什么需要请假的特别事情……”

“不，我有需要请假的理由。但是，我当时没有说那个理由，所以，科长没听到也在情理之中。但是，我确实向你申请休假了。”

“是那样吗？”

“嗯，我已经和朋友定下旅游，票也订了。不过，现在还能取消。”

令C生气的是，明明自己已经说了事由，可对方依然是无动于衷地回答说“我没听到”的那种态度。

对这一点感到生气，如果目的是希望对方承认自己“明确说过”，那么如果达到了该目的，即使放弃了休假的要求，也是不得已。所以，C说：“现在也能取消。我去取消。”

如果谈话能到这一步，科长也只能向明确直言的C让步了。

哲学家三木清所著的《人生论笔记》（新潮文库）中，有一篇题目为“关于生气”的文章。文章指出了如下的内容，请允许我在这里引用：

“今天，没有什么能像生气的伦理学意义那样被众人遗忘。生气被单纯地认为是应该避免的事情。但是，如果说真有什么事情是在任何情况下都应该避免的话，那应该是憎恨，而不是生气。”

生气不是应该避免的事情，而是应该面对的事情。假如说觉得危险而忍耐着不去面对的话，那么生气就演变为原本最该避免的憎恨。

即便最初是勃然大怒，即便只是单纯的感情发泄，但多次经历这种情况之后，人就会变得冷静，变得能够考虑怎样说才能让对方理解自己的要求。

3. 不隐瞒才能形成良好的关系

为什么想隐瞒生气？

如果冷静地观察现实，我们可以看到，“能坦率说出自己的想法”的人会受到周围人的喜欢和信赖。

因在意对方对自己的评价，“不说自己的想法，只会附和对方”的人，则会让人感觉不可靠，会被称为“烂好人”而受到轻视。

“这次的新工作，肯定会轮到自己了。”N君做着心理准备。因为平时，科长就对他给予了很高评价：“你的工作态度让人感觉很放心。”

N相信这个评价意味着：“你很适合这份新工作。”

但最终F担任了新的岗位负责人。

科长平时对自己的评价都是假的吗？N觉得自己被背叛了，心里很生气。

但是，当N在面对科长时，还是没能说出诸如“这次的工作，为什么会选择F啊？请你说一下”这样的疑问。

虽然来到科长身旁，却什么都没说出来。这时，科长侧着头，问他道：“有什么事吗？还是你怎么了？”

“昨天我提交的文件，不知道行不行？”

即使到了这个时候，N还是什么都没说，摆出若无其事的样子。

过了几天，其他科的前辈过来，向N打招呼：

“这次的新工作，为什么没有轮到你？你没有什么不满吗？”

“这是科长的决定，我没什么其他想法……”

“我不知道我是不是该多嘴？”

“到底怎么回事啊？”

“实际上我也好奇，所以就问了科长。科长说：‘N君虽然工作干得不错，但在表达自己的意见方面，以及对自己所不能接受的事情表示不满并争取正当权益方面则弱了点，所以这次的工作没有选择他。’科长跟你说过这样的话吗？”

“没有，我没听到过。”

“或许，科长正等着你生气，并向他发问为什么选择的是F君呢。”

上述N君的前辈的话，我在想，也许“科长说……”那部分内容是前辈为激励N君而编造的话吧？态度暧昧不明的N君真是令人着急啊。

为什么不能将自己的心情明确地表达出来呢？因为暴露出本心是件可怕的事情。与其开口表达出要求，不如沉默忍让。但其结果，只能是吃亏或后悔。

像N君这样的人，被称为“老实人”或“好人”。

“好人”不生气。但是，在这个社会上生存，从不对任何事生气的情况是不可能有的吧？即使感到生气，却将其隐藏起来，“摆出一副好人的样子”的人，会让人感觉缺少了点什么，而他们的想法也终归不能实现。

与“装出好人的样子”的人相比，还是“装出坏人的样子”的人更让人感到可爱。

即使是“撒谎”，与一贯认真的人相比，更让人恨不起来的是经常毫不在意地撒谎的人。也就是说，“（那人）属于到处都是缺点的生物”，所以，即使显示出缺点，别人会认为“（那是个）真拿他没有办法的家伙”，并产生共鸣。

如果能够下决心坦率、自然地交流，那么以后就会不再动摇，与对方也能毫无顾虑地交往。

即使隐瞒本心，也会马上被发觉

虽然生气了，却做出没生气的样子。

“我没有生什么气。”

虽然在语言上没有表现出生气，但是语气变强，眼睛瞪着对方，表情僵硬，无论从哪个方面来看，都可清楚地知道其实是在生气。

即使一直都没有明确表示，但一般来说，人的心情会表现在态度上，所以，大抵都会被对方意识到。即使隐瞒，也会被知晓，倒不如以语言表达出来更容易尽快地与对方形成沟通。

4. “生气”的根源在于想要改善现状的强烈愿望

为了慎重起见，这里强调一下，“生气”既不是与对方吵架，也不是找对方的茬儿。

因为“生气”伴随着强大的能量，所以，动辄会给人很强的攻击对方的、破坏性的印象，有时大声驳倒对方的行为也会被误认为是“生气”。

这是错误的。“生气”的目的在于改善现状，解决问题。

当然，也有发火式生气的情况，而且有时即使生气，现状也不会好转。但正是这样的时候，更不要放弃“想使之好转”“想改善”的想法，更要坚持下去。对此，我们通过下一个提问来展开说明。

人为什么生气？

因为感觉到现状所存在的问题，认为其“不正常”“有错误”，所以会涌起怒气，进而生气。

我有一位友人，认为大学生从二年级、三年级起就必须开始就业的观点是“有问题的”，并对此生气。

他认为，大学是研究学问的场所，在学校期间吸收很多知识，学生之间展开讨论，拥有很高的理想，应该以这样的状态度过四年大学生活。

四年大学埋头于学习，这样才能够在就业时成长为一个视野开阔、能胜任本职工作的职员。录用人员的企业也应该注意到这一点。

可实际并非如此。对于这样一个现状，友人感到生气，每见到一个人他都会诉说，还向新闻媒体、杂志社等投了稿。

如何认识现状，因人而异。对于大学生从二年级起就要忙于就业的现状，有人会说“这不是没办法吗”，认为这是不得已的事情。而对于持肯定态度的人而言，问题就变得不存在了，他们也不会因此产生焦躁情绪。

“生气”，是从对现状所持的诸如“这样下去行吗？”这样的疑问态度中产生的。

生气也需要大量的计算

从后辈E君那里，我听到了这样一件事情：

我最近从开发部调到了营业部第一科，担任股长。到一科一看，真是个失去了朝气的科室。调动的原因马上就明白了。

对于上司，大家都怀有不满。而这位上司也确实是只关心自己的事情，对部下则不关心、不在意，无论是部下出去还是部下回来，他连头都不抬，也不会打招呼。

部下也失去了干劲儿。部下的不满不断积聚，私下嘀咕道：“就那样还当科长呢，真是令人讨厌啊。”

但是，大家都只是背地里发牢骚，没有谁想到做点什么去改变。对他们的这种态度，我生起气来，就拽住一位资格比较老的职员，说：“光发牢骚，什么都不会改变。不仅不会发生改变，甚至反而只会让自己越来越失掉干劲儿。相比于科长，我更生你们的气。”

“但是，怎么做才好呢？不知道啊。”

“那好吧，我替你们跟科长说，你们看我的。”

这似乎给人一种夸张地亮相的感觉，但说实话，我确实心里生气。

某日，我从客户那里回来，走到上司的面前，打招呼道：“科长！”

因为是相距很近地打招呼，上司也抬起头来说道：“什么事？”

“我去G公司访问了，他们公司负责咱们业务的部长调走了。”

对于这样的信息，科长也不得不说：“是吗？他可是倾向于我们公司的人啊。”

“嗯。新来的部长和我们的竞争对手M公司走得很近，这是问题啊。”

“是啊，但是，你怎么知道他和M公司走得近呢？”

“说实话，我的大学学弟正好在G公司的工厂，是他告诉我的。”

“那这个信息确实可靠啊！”

“科长，如果我们不想点什么办法的话，这样下去，G公司这个客户就会被M公司夺走了。不采取对策不行了。”

对抱着胳膊沉思的科长，我说道：“即使不这样，我们科的销售额也在下滑啊，大家也都没有精神头儿啊。”

我一边这样动摇着科长的想法，一边继续说道：“我也可以从我的学弟那里得到更多的信息，帮助找到应对G公司的对策。不过，我也有事情想拜托科长。”

“拜托？”

“嗯，希望科长能更关心一下部下，平时能打下招呼。”

我知道这时科里的部下们正关注着我和科长的交谈，所以，我特意提高了声音，一边不时地留意着同事的反应，一边说着。

G公司是我们科最大的客户，如果失掉了，对于科长而言也是一个大事件。所以，我也硬气起来。

“不用说，我们科是靠大家的工作才支撑起来的。调动部下的干劲儿，完成销售目标，是科长的责任。”

科长脸色虽然变了一下，但并没有反击。

听着E君上述的话，我觉得E君也够受的了。支持着E君下决心向上司表达意见的，是他“想改善”停滞的现状的强烈意愿吧？除此之外，还有客户公司的部长换为倾向于竞争对手公司的新部长这样一个大的危机。这样一个危机，被E君利用为逼近科长的制胜手段。乍一看很老实的E君，实际上是一个了不起的能手，我不得不“刷新”对他的认识。

从E君所讲的内容，可以做出以下的结论：

① 生气本身，需要对现状存有疑问，对存在的问题有敏锐的感知也必不可少。

所谓生气的人，就是拥有问题意识的人。

② 要想进行改变现状的尝试，必须拥有下决心面对对方的态度以及关于表达什么和如何表达的思考力。

通过生气，思考能力会得到发展。

你生气的标准是什么?

因别人做什么或不做什么而生气，要在平时就先明确标准。

我的一个标准就是，“对于约定的时间不能迟到”，对不准时赴约的人，我不会保持沉默。我之所以这样做是有理由的，因为我的口才老师江木武彦先生曾经教导我说：“时间就是生命。”江木先生还曾开玩笑地说：“时间就是不再来。”[①]时间不会再来一次。时间不是“金钱”而是“不再来”，时间上迟到了，就相当于夺走了对方的生命。

所以，对于哪怕是仅迟到5分钟或10分钟的人，我也会唠叨个不停。

“迟到5分钟左右，没什么关系吧？”

对于这样来安抚我的人，我会不让步地说：“因为我想让对方知道迟到5分钟的人与提前5分钟来的人之间的巨大区别，所以才会唠叨个没完。”

---

① 英语有谚语“time is money（时间就是金钱）”，而日语的“不再来”与英语的“钱”发音相似。——译者注

因为知道我对不准时赴约的人会唠叨个没完，所以，与我交往的人的时间观念也越来越强。

从为何事而生气可以判断一个人的价值观

① 自己所看重的事情。

② 自己所认为的正确的事情。

③ 作为人应该遵守或应该做的事情。

你会因何事而生气？上面是一般社会所通用的规范，按照这些来判断，你在一般的场合，也就能够毫不犹豫地做出关于“什么是应该生气的事情”的判断。在今天这个时代，规范不再通用，必须根据各自的价值观做出“对什么生气”的决定。

“日经妇女在线”中有一个题为“使女性变得更美的生气方法”的连载专栏。

在留言的女性中，有一位给我留下了深刻的印象，请允许我在这里进行介绍。

刚毕业时，我因无法忍受上司不讲道理的发言而生气，再加上对方又是个体格健壮的男性，我泪流不止，全身持续发颤。

上司说：“你们这些女部下平时的态度不好。”但我绝对不会屈服，我一边哭泣，一边重复着：“但我认为是你不好。”并没有让步。

在男性占九成的职场，这样的我只会被排挤，没有谁会对我持好印象或与我站在同一战线。不过，翌日，上司对我的态度稍稍有所变化。被矮个子的新毕业生所反抗，他好像受到了很大的冲击。

关于生气的事，还是别奢望有人会同你产生共鸣为好。

关键要考虑“自己想怎么样”并做出决定。另外，“一旦生气就不能让该机会逃掉”的“即战力”不可缺少。

这名新毕业的女性，对于“对什么事情生气”，按照①做出了明确的反应。所以，即便全身发颤，流着眼泪，也会对自己所看重的事情，决不退让。

考虑清楚为什么生气以及通过生气想要达到的目的，一旦做出决定，就不放手。

那名新毕业的女性，社会经验应该还不算多，为什么能够如此坚持地“反抗”生气呢？不正是因为她坚持着“这个决不能让”之类的想法吗？

围绕“报告”，我们进一步展开议论

报告，联络。

这是参加工作的人所要进行的最基本的交流。但即便如此，最近，对此怠慢、遗忘的人变得多了起来。

① 对于我们所委托的事情的结果，没有报告。

② 关于向我方进行咨询并由我方给出建议的工作，其后有什么进展和结果，没有给我们任何报告。

③ 如果我们不询问，儿子儿媳小两口就不会报告任何关于“现在怎么样”的情况。

按照①②③的顺序，其应该进行报告的必要程度逐渐降低。

到了③时，已经没有进行报告的义务了。

“想知道儿子儿媳小两口过的是怎样的生活。”（③的内容）

这里涉及的是，孩子能在多大程度上想到父母那种想和孩子说话、想照顾孩子的心情，以及是否会向父母报告近况。虽然子女没有报告，但父母因此生气，生气一方也很可能被说成是光考虑自己。

关于②，提供咨询和建议的一方认为“有所沟通就要有所反馈”，所以，对没有进行反馈的对方勃然大怒，也在情理之中。

“只在需要别人的时候才联系对方，过后则装作若无其事的样子，这样做太自私了。真不像话！”

像上面这样大发雷霆地来表达生气，如何?

“来咨询过的事情，在之后怎么样了？好歹得给我们发个邮件啊！我们这边也关注着呢。”

像这样来表达，又会如何呢?

“像这样的家伙，没什么可说的，以后不接受他们的任何咨询。”

这样虽然严厉了点，但不这么做，有些人就会不当回事。不过，做出不再接受咨询的选择的一方，也许也会体验到其中的寂寞。

最后是关于①。

这种情况，对方会“生气”“不满”是自然的事情。

当被问及“对什么生气”时，很多人会回答“没有得到报告”。

我方所委托的事情是否结束？其结果如何？如果没得到报告，就不会知道。

另一方面，被委托的事情结束时，被委托的一方也会感觉“好了，这下履行了责任”，总算可以放下心来。

事情确实结束了。

名单已经做好，分发的准备工作也已结束，明天早上将最先分发给相关人员。这里，因觉得“万事OK”而疏忽大意，结果忘记了报告。之所以疏忽大意，对报告本身的重要性认识不足也是原因之一。

工作方面，当完成了报告，委托方也了解了该工作的状况时，才可以说“履行了责任”“万事OK”。报告如果没有完成，就是还没有履行责任，就算不上“万事OK”。

不能充分具有上述认识的人，会因疏忽而怠慢了报告。

对于不进行报告的部下，作为上司，第一，可以在平时就强调“对于不报告的人，我会很生气”，也可以大喝一声：“你对报告的重要性认识不足”或“不能小看（报告）”。

第二，有的部下会认为，即使报告了，上司既不会认真地听，也不会提问或给予建议，“如果这样，就没了报告的意义，也就不会有兴趣去报告了”。对于依据这样的理由而不报告的部下，上司要怎么办呢？

如果“对不报告事情进行批评”是上司一贯的立场，那么在这里，上司也要明确指出部下的依赖性与错误：“你错了。不是请对方听在先，而是报告在先。对方是否能够听，是那（报告）之后的问题。”

“不报告的人是没有资格抱怨的。如果不报告，你就不要工作了。”

上司应该像这样严厉地表述，将“应该报告”传达给部下。

好不容易认真地进行了报告，可是如果上司是心不在焉地听，那么作为部下有所不满，是正常的。即便如此，做出“即使报告也没什么意义”这样武断的判断也是错误的。

在这种情况下，部下如果有不满，可以将不满传达给上司。

“我没有得到科长您的评价，心里不安。好不容易做了报告，您却没有认真听，真的很不安。”

“不，我听了啊。”

“那我问个问题好吗？”

这样的对话，对于使上司对你的报告认真起来很有效。

如果放弃了生气，那么以前所做的都白费了

即使生气，有时也什么都不会改变。

虽然明显是对方错了，可是对方不仅不承认，反而极力争辩甚至反击。

当你经历这样的情况时，你会产生“即使生气也没用”“放弃吧”之类的想法。但是如果这时候放弃，生气才真正因此变得“白费”了。

某女士这样说道：

“这是昨天我突然想到的。我是为了保护自己，才变得勃然大怒的。”

能够意识到自己勃然大怒，意味着自己正在发出SOS（求救）信号，这点很重要。当不能退让的防线受到侵袭时，生气是理所当然的，而不生气才是危险的。即使有时生气没用，也不能放弃生气。

5. 这样做，心情会变得轻松

“不生气”与“不能生气”的区别

生气首先需要的是留意，即留意到不正常的事情，从在表面看来什么情况都没有发生的状况中，也能够找到疑问点：“这样行吗？”能够留意到问题的这种敏感力是必要的。

其次，当留意到问题，因觉得“这个不正常”而感到焦躁时，必须将其与“生气”这一行动联系到一起。除了不由得勃然大怒、破口大骂的那种当场生气的场合以外，当“等一下”的意识发生作用时，人就会缓和情绪，有的人就会觉得“不能生气”。

另一方面，也有“不生气”的人。虽然如果想生气也可以生气，却硬要做出“不应该生气”的判断，从而选择不生气。“不能生气”的人，是虽然决定生气，但要生气时，又停了下来。

为什么呢？如前面所述，因为“生气可怕”。其内容如：

- 因说多了而丢脸很可怕
- 人际关系被破坏很可怕
- 被周围人所孤立很可怕
- 被对方威吓很可怕

以上内容可以归纳为两条：

① 不知道自己会说出什么。

② 不知道对方（对自己）会做出什么样的举动。

① 的情况，是对生气中的自己不自信，担心自己一旦开始说起来，就“刹不住车”。

例如说出“将别人当傻瓜”“嘲笑他人也要有限度”“这种话竟然也敢说”等，对对方进行责备、攻击；而同时内心却在对自己说“等一下、等一下”，试图“踩住刹车”，但是，怒气却在不断加速外冲，不能停止。

而如果这种经历越少，一旦生起气来，就会越没有止境。

想象着这样的自己，于是便警惕起来，“变得不能生气”。

②的情况，对方会对自己说出“你这样说对吗？”之类的强烈的反击性话语。

在任何时代，都存在因违逆上司而遭遇降职等惨痛经历的人，尤其是在今天这个经济环境变动频繁的时代。

因为很容易“将自己置于危险之下”，所以，大家对于表达生气一事变得更加慎重。

即便认为上司的做法很过分，但真要下决心“生气”，也必须得有强烈的觉悟才行。

电视剧《半泽直树》中，有主人公对上司的无理举动进行连珠炮般斥责的场面，主人公说：“受到打击时，就要顶回去，要加倍地顶回去。”这句话已经成为一时的流行语而广为流传。虽然有威势，但是在现实中施行起来却很难。“加倍顶回去”等，如果没有被降职或被辞退的觉悟的话，就难以办到。

哪怕是小小的生气，也应该尝试着用语言说出来。这里有这样一个例子：

客户A公司的负责人更换了，需要去拜访他打个招呼。

平时不显眼的L君说：“我去。”

“你到A公司跟×君打个照面也不会起到什么作用吧？不去为好。”

听到上司这句话，L君勃然大怒，立刻下决心将怒气表达出来。

“请你不要这么说。我是受A公司社长信赖的。”

“？”L君这番与以往不同的利落发言，让上司也吃了一惊。上司开始改变了对L君的看法，虽然程度还很小。

“试着说出口”，会明白很多事情

L君下决心将怒气发泄了出来，结果明白了“要试着说出口”的道理。从那以后，L君碰到类似情况，虽然还会克制情绪，但说的时候，变得能够清晰地、不失时机地说话了。

因未曾经历过这种情况，觉得“难”“说不出来”“难以办到”而畏缩的人，是因为他们忽略了“人是在经历中明白了很多事情并成长起来”的这个道理。

生气首先可以从那种“不会造成无法弥补的后果的小事”开始尝试。

“请你停止这样的说法”，L君的这样一句话，虽然谈不上是很严厉的发言，但是这样表明态度之后，L君发现这次对话成了自己语言表达上的突破口。

对下面的例子，你怎么看呢?

我的上司是女性。

我经常会在发言结束之后或会议结束之后，被她说：“你，不愧是个典型的A型（血）人啊！”我知道她没有恶意，在最初并没有太在意。不过，最近我对此开始感到不快。

我真想问她：“是A型血又会怎么样呢？”即使同样是A型，也分类似B型血性格的人和接近O型血性格的人，我不希望对方做出这样片面的结论。依靠血液类型来判断人的这种做法，本身不就很奇怪吗?

不过，如果这个与工作无关的话，我也就不予计较，毕竟实际上我就是个A型血的人，如果说A型血的人没有什么了不起的，也确实是如此。

如果对此生气，别人就会觉得你“将小事放在心上”，会觉得你无聊。生气到底对不对呢？我很困惑。

在这里，这位部下担心被别人认为自己太在意小事，讨厌被别人认为自己无聊，因而没有生气，但还是觉得“不试着说出来，就不知道（结果）”，于是，下了决心，对上司说：

“您说这话的时候可能什么都没想；但我不喜欢别人说因为我是个A型血人就会怎么样。坦率地讲，我也曾因此感到不快。”

听了这话，女上司流露出感到意外的表情：

“啊，是这样啊。你也知道女人们不是经常会说些关于血型的话题吗？我也只是以那样的心情轻松地说的啊。”

“对不起。”

“没关系。我一点儿也没留意到你不喜欢这样，我也请你原谅。”

“说明白了就好了。”

他（部下）想，说出来确实不错。说出来的话，女上司便知道是因为自己没留意部下的情绪，使部下产生了不愉快的想法，所以，“对小的事情，在其还没发展到坏的程度之前，让对方明白你的不满”为好。

第二章

不生气为好的场合

▼ 本章要点——生气时不要这样做【这样的做法令人讨厌】

① 对微不足道的事情小题大做，大吵大闹。

② 攻击对方的弱点，进行讽刺。

③ 反复地纠缠于某一个话题。

④ 片面地下结论。

⑤ 威胁：“如果不喜欢的话就算了。”

⑥ 完全否定：“混蛋。”

⑦ 被情绪所左右。

⑧ 重提过去的事情，对对方严加指责。

⑨ 进行人格攻击：“你是个光考虑自己的人。”

⑩ 一旦生起气来，就没完没了。

1. “容易发火的人”是什么样的人？

“生气”与“发火”有什么不同？

虽说都可称为“生气”，但是其内容并不一样。

“部长最近变得爱生气了。”

“设计事务所的所长最近越来越难伺候了。”

“我们单位的那个家伙，爱发牢骚，很难办啊。如果敷衍他的话，他就会发牢骚说：‘为什么不想听我说话呢！’”

不管是在哪里的办公室，都经常会听到上述这样的对话。

你没被人说过“爱生气”“难伺候”“牢骚多”吗？

上述三点，可以说都是事情未能按照自己所期待的那样发展时所产生的焦躁情绪的表现，相当于生气的“预备形式”。

在每天的生活中，事情未能按照我们所期待的那样发展的情况到处都是，差别只在于程度，几乎所有的人都会被“焦躁情绪”所困扰。

当焦躁情绪变得严重时，就会变为生气——“不满”“不快”“愤怒”等，内心开始动摇。

不过，大多数人会认为“对每件微不足道的事情都去生气，不是成人的做法”，因而会封闭情绪，不去生气。

但即使封闭生气的渠道，也并不等于生气就消失不见了。

第一，生气将改变形态，体现为“怨气”“憎恨”，扭曲着人际关系。

生气但不说出口的人，乍一看，容易被认为是“有涵养的人”，但是，如果窥视其内心的话，会发现其实那里活动着千仇万恨以及嫉妒等情感，只不过为了不让对方留意到而将这一切良好地掩饰着。也就是说，“乍一看是有涵养的人”或许就是个“危险的人”。

另一方面：“为什么不尽快采取对策呢？这样下去，销售额会不断下降。”也有这样顶撞上司的人。这种人容易被认为是“多嘴的家伙”而被“敬而远之”。但这种人比那种不生气的人，更能坦率、积极地向前看。

第二，累积起来的怒气一旦爆发，就会陷入所谓的“发火”状态。这就如同被水坝拦截的水在水坝开闸时汹涌流出一样。这里，可以考虑以下两点：

①“并不是因为忍耐不足才发火，而是因为忍耐过度才发火。”

②“表露情绪与因变得感性而狂暴起来是不同的。”

关于②，“表露情绪”是指生气，而“因变得感性而狂暴起来”就相当于“发火”了。也就是说，“生气”与“发火”是不同的。

为什么“发火的人”在增多?

前几天，我在便利店曾目击一位长者因为店长的态度不好而突然大声发怒，周围人见此一片震惊的情景。

那天，我偶然进入附近的便利店，正看到年轻的店长在和女店员说话，这时年长的顾客向店长打招呼，对方却没注意到。于是，年长的男子大声发起怒来。

此外，我在政府机关的办事窗口也看到过类似的情景。

一位60多岁的高个男子大声喊道：“想让我等多久你们才满足啊？我是有预约的，不要把别人当傻瓜。”

政府机关的女职员一边做出要表达“没有想把谁当傻瓜啊”意思的表情，一边说着“对不起”，进行着程式化的道歉，但那个高个男子再次大声喊起来：

“你那种道歉方式算啥啊？把我当傻瓜啊？”

我正好在附近，注意到那个男子多次说“别把我当傻瓜”。

年长的高个男子发火的原因，大概是他认为自己一直努力到这个年纪，取得了无数成果，却不公正地“受到粗暴的对待”“只得到较低的评价”。

他一直有诸如“世上的人为什么不能更加重视我呢？”之类的生气的想法。

在便利店年长者发火的情形和这个例子大同小异，对方小小的言行疏失就会成为诱因，长者会觉得“被无视”“被当成傻瓜”，平时积聚起来的情绪就会一下子爆发出来。

中年人生气的理由是?

“发火的人”并不限于年长者。

在年轻人以及30~40岁的中年人中，也会看到突然大声喊叫的人。

以下是某日早晨通勤电车上发生的事情。

当时虽然并不是乘车客流顶峰期，但仍属乘车高峰，车内拥挤严重。

这时，突然传来男子气愤的声音。

“我说了我要下车，你让一下能怎么样呢？太碍事了。”

说话的是一位45岁左右的男子，而被说的对象则是大概60岁的年长的男性。后者满脸通红，反驳道：“你这是怎么说话呢？我正想让道呢。你这话太失礼了。”

这两个人如果是在同一个单位，从年龄上看应是上司与部下的关系。

作为部下，对于强加给自己无理要求的上司，虽然不满，但是一直忍耐着——这样一幅场景浮现在我眼前。

40多岁的男子，估计是将眼前的年长的男性，与令其感到不快的工作单位的上司的形象重叠到了一起，平日的不满在此时宣泄了出来。当然，眼前的对方并不真的是他上司。我想知道的是，对不认识的另外一个人发泄不满的他在独处时，愁闷真的会消失吗？或者心情反而会变得更低落，陷入闷闷不乐之中?

年轻人令人意外地更容易发火

20多岁的年轻人的怒气，也会经常突然爆发。

入职将近三个月的公司新职员，在工作方面，不知道“这种情况该怎么处理”，犹豫着是否该向上司咨询。最终，他下定决心，对上司说道：“想跟您请教点儿事情……”

上司显示出不满的表情，视线并没有从看着的文件上移开：

“现在不是时候。下次吧，下次！”

上司用简直是驱赶的口气说了这句话。新职员在这一瞬间呆住了，不知道说什么好，心里充满着“屈辱感”，迅速离开了上司的办公室，返回自己的座位。

他的脑子里浮现出被分配到该公司的第一天上司所说的话：“如果有不明白的地方，不管是什么事情都没关系，请和我讲。”

“那句话完全是撒谎！”

太不讲理了，他感到非常愤怒。晚上，他和女友、朋友们一起去喝酒，向朋友大声倾诉了对上司的愤怒。最后，他女友责备道：“做什么事都要适度。你那样大声喊，周围的人都在看你呢。”但他并没有因此控制情绪，于是，女友说：“不像话，我回去了。”就把他扔在那儿自己走了。

第二天，他没有去上班，同事给他的手机打来电话。第三天，他总算重振精神去了公司。

这件事是从给他打电话的那位前辈那里听来的。

现在的年轻人中，还会有人简单地臆想："只要自己说了，对方就会听。"同时，当知道对方没有听自己说话，就会愤慨，不想再接近那个人，而且，还会向他人发泄愤怒。

"有点儿不会体谅人啊。即使是去请教，也要看对方是否方便吧？他偶然去请教的时候，科长正为麻烦的议案而神经紧张呢。当科长说'下次吧'时，如果他能大声地说'对不起，那我下次来'的话，科长也会注意到他，也许就会主动说'午后一点怎么样'。他太任性了，以为别人为自己做任何事都是理所应当的。"

这位前辈将上面这些话也转述给了这个新职员，进而又谆谆教诲道：

"你生气有点儿不对头。在单位，大家各自都有自己的事情要做，所以，无论是请教还是其他什么的，先考虑对方是否方便是一种礼貌。不过，如果因为这个就光顾着客气而不去请教的话，也不好。实际上，上司也留意着你的事情。"

总之，要先弄清对方的情况。

在这种情况下，作为新职员，也许会不知如何是好，不知道"请教到底是行还是不行"。最好通过实践来学习如何判断，并不会有诸如"在这种场合该这样做"之类的操作手册。

2. 生气也是一种交流

单方面地发出信息并非交流

当某个词被作为日常用语而固定使用时，其含义已经不言自明，无须讨论。“交流”这个词便属于其中之一。

但为什么要在这里特意提及“交流是什么”这个话题呢？这是因为，生气也属于交流的一种形式。

“交流需要对象”，这是很自然的事情。之所以说这个事情，是因为在现实中，人们在说话时忘记对象的存在的现象并不少见。

所谓对象，指眼前的、与自己不同的、作为“他人”的对方。

所谓交流，指人们与不同的对象进行信息交换的过程。

这里想要说的是：

● 光考虑自己，单方面地发出信息并不是交流

即便如此，人们仍然会在“交流”的名义之下单方面地发出信息，这是因为人会以自我为中心，首先考虑自己的事情。

并且，人们各自的立场、作用、利害并不相同。人如果光单方面喋喋不休地表达自己的主张的话，马上就会引起冲突，而交流本身也会因此而陷入机能运行不畅的状态之中。相互间有必要认识、理解、尊重并讨论各自的不同，这绝不是一件容易的事情。

不考虑对方，单方面地发出信息，会成为争吵或生气的导火索，同时，发出生气的信息本身，也潜藏着变得“越来越生气”的危险。

“生气”多是作为突发性的情绪而表现出来的。

勃然大怒的话，则既失去了为对方考虑的余裕，又无法识别前因后果，只变成单方面的大喊大叫。

为了能在生气时保持冷静而需要注意的事项

生气虽然属于感性的表现，但为了能将其作为一种交流方式从而传达信息，怎样才能在生气时保持冷静，为对方考虑呢？在勃然大怒的一瞬间，要想办法做到不放弃两点：

① 判断：是生气，还是不生气让事情将就过去。

② 判断：生气时，对于眼前的对象该采取什么样的生气方式。

为此，问题清楚地表现在如何尽快地恢复本来的自己，如何控制自己的情绪。

这里就需要“魔法杖”了。

在这里，希望你能注意到两点：

第一点是，不要在毫无保留地暴露出情绪的状态下生气。这需要相当的经验。

即使心里这样想，但在勃然大怒的瞬间，要想保持冷静并不简单。

这需要事先就了解自己到底容易对什么样的事情勃然大怒。如果要发出生气的信息，就会受到对方的反击。而对于生气对象，最好平时就了解其性格、想法以及会让其感到内疚的事情，等等。

“生气”并不是为了打败对方，这在前面已经讲过，但即便如此，当你怒火中烧时，你就会故意说出对方最讨厌的话。

“不该生气啊！”让你感到后悔的，也是因怒火中烧而说出不好听的话的这种时刻。

但是，就算这样，事情也并不算完。重要的是，“即使失败了，也要从中有所收获”。

其次是抓住诀窍，即尝试回忆：“问题存在于哪里？在哪里无视了对方？”

单方面告知就算结束了吗?

位尊者对位卑者生气时，容易以诸如“无法想象的错误啊！以后绝对要避免同样的事情发生，可以吧？”这样一种以单方面告知的做法结束。这就是上面所说的需要注意的第二点。

M君把将说明（发言）用的资料按照顺序进行排列整理一事委托给了部下。当天，M君带着从部下那里拿到的说明用的资料所做成的集子，出席了说明会。但是，不知怎么回事，资料的顺序是弄颠倒了的。虽然好歹应付过去了，但M君极为愤怒。

刚一回到单位，他就对部下说：

“太让我难堪了。你做事太图自己方便了。”

“嗯？什么事？”

“别装糊涂！资料的顺序为什么是颠倒的？为什么没按照我指定的顺序弄？我有自己讲演的顺序啊！”

M君在生气的过程中，声音变得越来越高：

“你经常做这样只图自己方便的事！以后不能再做同样的事情了！”

M君一边训斥般地说着，一边瞪着部下。部下说：

“我就是按照你说的准备的，没弄乱顺序啊！”

“那为什么顺序乱了呢？不奇怪吗？”

“不知道这是怎么回事。”

“真是笨蛋！”

当晚，M君好歹冷静了下来，琢磨着第二天该怎么办。

应该做的只有一个，那就是向部下道歉。于是第二天一早，他就向部下说“对不起”了。

“我也应该进行确认。实际上，在把资料交给你的那一瞬间，我也想到要确认了，不过心里觉得应该没问题，结果就疏忽了。”

部下也做出了上述反省的发言，并做出结论：

“以后一定当面进行确认。”

按理应该倾听一下部下所说的话。不过，当情绪激动时，就听不进去别人讲的话了。那么如果反过来，将能否听取对方所说的话作为测量自己冷静程度的标尺，怎么样？

在听了对方讲的话之后，如果仍然判断为需要真生气时，再去真生气。如果不是这样，已经做好“一定会被发火的上司尅”的准备的部下，会失去争执之心。而作为上司，就会对部下做出“不会生气的人”的评价。

而听了对方讲的话之后，有的人会“受对方讲话影响而变得不再生气”。

对方会有对方自己的主张，如果认为其主张合理，则可以认可。尽管如此，也不必完全接受对方，撤回自己的主张。

可以在表示“关于××问题，仔细考虑一下之后，明白了你所说的事情”之后，进一步说：“不过，只集中关心外部，而对内部关心不足，是个问题。我对你光考虑发展自己的能力，而忽视加强每个部下的能力的做法很生气。”

虽然认可其对外部进行推动以增加销售额的主张，但对于其不想认真培养部下的做法所产生的怒气，也要明确地传达给对方，争取使其改正。

即，不是一个劲儿地说或一个劲儿地听，而是相互表达主张，相互进行倾听。

生气的情感是强烈的。正因为如此，要注意无论是说还是听，都不要偏颇于其中的某一方。

对于不想倾听他人意见的对手，你怎么办呢？

对于光想维持现状而不想进行新的挑战的上司，Y君感到非常烦躁。

上司不仅自己没主意，对于部下的提案，也会以“现在不是时候”“没有预算，不行”等理由，全部说“No（不）”。这样下去的话，销售额与上一年相比很可能要减少好几个百分点。

Y君对只会说“No”的上司很生气，在公司会议上以强硬的语气对上司进行了质问：“到底是怎么打算的？这样下去就会有很大的赤字啊。已经被竞争对手超越了，为什么还不想采取什么对策呢？”

但是，上司及其他同事的反应是冷漠的，Y君陷入孤立无援的境地。本来以为至少股长等人会站在自己这一边，但是，股长却抱着胳膊，做出若无其事的表情。

在此之后，Y君不再对此类事情生气了。

“不能再做这样愚蠢的事情了。”

再继续表示生气的话，就会引起上司的反感，甚至很可能会被解雇。因为公司销售额减少，已经处于随时都可能裁员的状态。

而被部下Y君质问的上司，不但不倾听，而且即使部下阐述建设性的意见，也不想采纳，反而责备部下语气恶劣。

另一方面，部下一方，在被上司申斥时，也开始出现不想老实地接受意见的动向。例如，部下因为在工作的准备上不得要领，所以被上司指出：

“你现在的做法，净是在做无用功。你在计划方面存在问题。”

进而，上司解说了相关要领，但是部下会反驳说：

“即使那样，我也难以做到。”

上司则不由自主地说：

“你还想干吗？跟你没法谈了。”

现在的年轻职员中，有些人单单是当上司给予他们工作上的建议时，就会对上司的“表达方式”做出反应：“对那种带着居高临下眼光的说辞，没心情听。”直接表示出不想听的想法。也就是说，部下会摆出一种“因为被居高临下看待”而反驳对方的姿态。

因为无论是上司还是部下，都不习惯“生气”这种交流方式，所以，很少有人会将对方生气的语言当作对工作、对自己的“有益信息”来接受，只会觉得对方“多嘴”“自以为是”，进而对对方敬而远之或反驳、拒绝对方等，即有将之视为“令人不快的信息”而不予接受的倾向。

当生气的一方（责备的一方）因为“说了过分的话”而感到后悔时，正巧第二天对方（K君）过来，说：“谢谢你能对我说出本来难以开口的话。被你提示后，我自己也意识到了一些问题。”

作为部下的K君真诚道歉并表示谢意后，感叹道：“下决心说出来就好了。”终于放下了心。见作为生气对象的一方表示出接受的态度，生气的一方也如K君那样变得积极起来：“今后会多考虑对方的感受，多在表达方式上下功夫，尽量不要发火。”

遗憾的是，采取如上面例子这样的“生气方法”的人，还是很少。

当一味地说或一味地听时，交流就难以进行下去。

生气式的交流，之所以在现实生活中很容易无果而终，就是因为交流的双方或者一味地生气，或者不想倾听。

说话时、倾听时，互相间进行坦诚的目光交流，直接关系到“生气的技巧与应对生气的技巧”的提高。

3. 改变浮躁、变得快乐之法

关于三木清所说的“三种怒”

人有易生气的人和不生气的人等诸多类型，这里我们可以去看一下三木清所著的《人生论笔记》（前面我们提到过）：

“愤怒也可以区分为有神之怒、来自名誉心之怒、心情之怒三种。”

“我们的愤怒大多是属于心情性的，而心情性之怒往往又和生理性之怒结合在一起。因而，为了平息愤怒，可以诉诸生理性的手段。”

人的愤怒（生气）大多属于“心情性的”，这点很容易理解。

字典上解释道：所谓心情，指某一期间内持续的情感状态。

心情作为一种心理状态，因人的不同也会有差异，它属于不断变化的不安定之物。

心情好的时候，人会兴高采烈，展现笑脸，爱说话，抬举对方。若经常保持这种状态不变的话，因为该人的存在，其工作单位的氛围也会变得愉快起来。

但是，兴高采烈的人，常常容易瞬间就变得不高兴起来。

有这样一位上司，在兴高采烈时，将其部下T君鼓吹为“性格稳重，处理问题踏实，值得信赖，又能明确表达自己的观点，是个了不起的人”等。

但是，没过一周，这位上司就变得心情不好，当T君偶尔迟到时，他就发起脾气来：“重要的时刻却迟到，你是怎么回事啊！”

T君做出“？”的表情，反问道：“你所说的重要的时刻是……？”

上司眉间暴起青筋：“对公司的事情而言，没有什么时刻是不重要的。迟到一事令人无法容忍！”

从那之后，上司对T君的评价急转直下，他嘟嘟囔囔地抱怨道：“缺乏机敏性，工作处理迟缓，并且顽固不听话。”T君原来的长处一下子变成了短处。

在聪明、能干的上司中，有的人心情高兴与不高兴时的差异很大，令部下很烦恼。

实际上，上面例子中的上司有慢性头痛症，剧烈的头痛会定期发作，长的时候头疼会持续十天以上，无法抑制。

即使知道其心情的强烈落差是缘于头疼，作为部下，也还是会忧虑不安吧？

与生气相比，身体状况管理更要优先

生气完全是由着人的心情的，没什么正当性可言。

对于职场上的人来说，生气属于“不该发生的事情”，应该尽量避免。

因为人的心情与生理性的因素相关联，所以，心情靠意志是无法控制的。

丈夫从早上起就心情黯淡，烦躁不安。要外出时，妻子问道：“今天晚上还会晚回来？”

丈夫心头之火一下子腾起，说：“不知道。”

到了单位，已经进公司工作两年的负责计算机维护的部下与他擦肩而过，却没向他打招呼。他不由得不快起来，责怪部下道：“连打招呼都不会了？”

部下小声回复道：“我打过招呼了。”

这种时候你就要注意了。

要先去查明不高兴的真正原因。大多数时候，你会很简单地认为，是你要外出时妻子所说的一句不合适的话，或部下以别人听不到的声音打招呼使你不高兴，但引起你不高兴的实际上也许是你自己的身体（身体状况）。

主要为：

① 睡眠不足。

② 过劳——疲倦。

③ 身体状况不良——头疼、月经疼痛、低血压，等等。

此外，有时“空腹”也会造成影响。

身体的管理属于自我管理，理所当然应该由自己承担责任。

睡眠不足时，大脑会无法运转。工作不得进展时，人变得烦躁，会迁怒于部下或后辈：“委托给你的文件，还没完成啊？你干什么去了？快点儿弄！”

改变不高兴的方法

在这里，想举出两种改变不高兴的方法：

第一，在合适的时机，甩掉负面情绪，转变心情。

这是以前我去长崎县佐世保市出差时发生的事情。

从机场到佐世保市内，乘坐大巴需要一个多小时的时间。当时我已经预订了市内的旅馆，不过，因为工作忙，我是乘坐最后一班飞机到达佐世保机场的，然后我搭乘上了开往市内的大巴。

但我乘坐的大巴，不是那种走高速的特快大巴，而是走一般道路的普通大巴，结果，我花了一个半小时才到JR（日本铁道公司）佐世保车站。

据说从下大巴的地点到旅馆只需要不到5分钟的时间，但可能是我拐弯拐错了，最后花了十多分钟才终于到达旅馆。

入住旅馆后，也许是因为差错，旅馆也没准备晚饭，于是我就在西式咖啡馆吃三明治对付了一下。因为心情烦躁，我反而很清醒，结果上床睡觉时已经是凌晨一点左右了。

第二天早上，虽然疲倦还没消退，我也不得不起来了。

虽然心里想着“哎呀，今天一天的研修够受的了”，但也必须打起精神去参加研修。坐上预约的出租车，我带着一副无精打采的样子赶往研修会场。

出租车在道路上畅通无阻地跑着。司机打招呼说：“客人，今天早上的道路稀奇地畅通。如果是平时，车站前会更拥挤。”

之后，不知为什么，遇到的信号灯也全是绿灯，出租车很快就到达了会场。

“客人，到了。如果是平时，会需要15分钟，但这次只花了一半的时间，7分钟就到了，已经到了。”

司机以明快的声音两次对我说“已经到了”。下了出租车，我抬头看了下天空，天已经完全放晴为蓝色。在那一瞬间，我在心里喊道：“啊，运气回来了。”我对出租车司机大声地说：“司机师傅，谢谢了！”疲倦和烦躁一下子烟消云散。

周围的景色与事件本来是“无色的”，但依据自己如何看，以及如何解释，它们会变成任何颜色。

佐世保所发生的事情，到今天我仍然记忆犹新。

第二，作为生理性的心情，会通过改变行为或动作而由坏变好。

阿兰，原名为埃米尔·沙吉埃。

他作为《幸福论》（神谷干夫译，岩波文库）的作者，在日本有很高的名望。在这里之所以会提及阿兰的《幸福论》，是因为在这本书中，写有改变不高兴的处方。

在这里，挑出其中的两三个看一下：

“人烦躁或不高兴，经常是因为不得不长时间站立引起的。对这样的不高兴，不需要作陪，给他拿出椅子。”

给不高兴的对方拿出椅子的做法，被应用于给在办事窗口生气的人拿椅子和上茶这样的场合。

但当你无法应付自己的不高兴时，该怎么办呢?

阿兰一边提及“礼仪做法”对人的影响，一边指出：

“如果表现出礼仪做法的习惯，如和蔼、亲切，无论是忧郁的心情还是胃的疼痛，都会在相当大程度上得到改善。做出这样的礼仪或微笑的动作……会产生使得震怒、不相信、忧郁不会发生的正面效应。”

接着，阿兰说：

“无论多么庸俗的人，如果让他表演自己的不幸，他立刻会变成大艺术家。”

心情虽然靠意志的力量无法改变，但如果通过运动或表演，就能够实现这样的转换。

假设你从早上开始就觉得烦躁，感到怒气好像往上涌，那么你可以尝试问候一下你的部下，看结果会如何。只要不发泄愤怒，而是下决心愉快地自己主动说出“早上好”这句话就可以。因为所谓“问候”，就是“模仿幸福的一种习惯”。

变成好心情，无论是你还是周围的人，都会变得幸福。

4. 当事情未如期望的那样发展时，就考验你的说话能力了

为守护自己的名誉而生气

如果突然被对方指责“你在撒谎”“为什么胡说八道”“没有信用”等时，无论是谁，都会生气、无法沉默吧——况且，也不应该置若罔闻。

对于这种没有提示证据的单方面断定式的粗暴语言，应该强烈地进行反驳：“为什么说我撒谎？完全不能接受。如果你不收回你的话，我决不原谅你。”而如果沉默的话，就等于承认自己撒谎了，所以，也不应该沉默。

这是七八年前的事情。事情发生在一家小酒馆，我每隔三个月左右会去那里一次。

那天，我和数位朋友一起坐在柜台边正喝着酒，这时，另一位男性朋

友带着一名45岁左右的女子走了进来，坐在了旁边的柜台椅子上。

两人喝着啤酒干杯之后，加入了我们这一方的交谈，大家一起聊着天。不久，我们得知那个女子是位牙科医生。

当朋友中的一人介绍说我是“口才”培训讲师时，女牙科医生说：“哎哟，口才啊？”

留意到其语气的不只是我。朋友问她道：

“你什么意思？”

“所谓口才，说白了就是说话呗。”

听到这句话，我的血一下子冲到了头顶。

“你懂什么是口才吗？”

“就是因为懂，所以才会说其不过就是说话。”

“我对你说的话无法原谅。请你收回这句话。一个什么都不懂的人，不应该这样说话。”

我知道自己的声音在发抖。但直到那个女的道歉为止，我都没有停止生气。她表情僵硬地说了一句：“对不起。”然后就和我那位朋友一起离开了酒馆。

酒馆老板娘招呼道：“来，大家继续喝啊。”朋友们附和道：“好啊，喝啊。”大家重整精神继续喝了起来。

我对冲动生气一事并未后悔，因为这是在捍卫自己所引以为豪的职业。

因对方未回应而生气

同样是生气，如果因为事情未如期望的那样发展就生气，并将事情闹大，那也只能说明那个人过于任性放纵。这一类别的生气还是尽量避免为好。

上司招呼部下，部下没有回答。

“你！你知道我在招呼你吗？”

上司大声说道。但真有必要这么大声吗？即使是部下，他也有自己的事情要做。其实上司在被部下招呼时，也有不回答的时候。

有的上司会站起来，用平静的语气招呼道：“××君，听到了吗？”

向妻子说话时，妻子没有反应，丈夫就会突然发起怒来：“听到了吗？你！”

“咋了，你生什么气啊？”

“行了，不想说了。”

跟人搭话，对方未必一定要响应吧？

这时，不去生气，而是问“刚才我说什么了？”的话，结果会怎么样呢？

当对方未如你期望的那样做出反应（回复）时，也许就是考验你说话能力的时候了。

向别人托付事情被拒绝时

向别人托付事情的人有两种类型：

- 类型一：过于客气，不能爽快地向别人托付事情即便手头有很多活儿，感觉一个人忙不过来了，这类人也说不出“帮一下忙”“能帮我一下吗”之类的求人话。哪怕对方对他说“我帮你一下吧”“你要是开了口，我就会帮你”，他仍然会客气地说：“这样行吗？不好吧？”

这种类型的人，不善于向他人托付事情，当自己忙得不可开交时，可能会失去从容，变得容易生气。

在职场，应该相互爽快地托付事情，在被托付事情时，也应该高兴地答应。如果能形成这样一种关系，没有意义的生气一定会变少。

●类型二：与类型一相反，认为只要自己将事情托付给对方，对方就会帮助自己，因而会主动托付对方事情

这种类型的人，不考虑对方是否方便就会托付道：

“关于××事情，请在今天拿出数据，并作为资料整理归纳出来。”

其态度很明显，即认为在将事情托付给对方之后，对方当然会答应，而如果对方拒绝，委托的一方就会不高兴。

这类人不考虑人家是否方便就委托事情给对方，如果事情未能如他期望的那样发展，就会立刻勃然大怒。但如果反复这样生气，部下就不会再追随了吧？

当自己的意见遭到反对时

地位高的人，当被部下说“今天的意见，我反对”时，表现出厌烦的

表情，好像在说：“反对都成你的口头禅了。如果光反对的话，谈话没法达成一致。”

一旦遭到反对，就立刻生气、变得不高兴的人，其实就是没有认识到对方与自己不同，因而当然会有不同意见。

如果意见与自己相左，就会不喜欢、不高兴。

“现在立刻组织项目小组，要求在一个月以内做出计划。”

对于上司的上述建议，部下提出了反对意见：

“这是不可能实现的。从现在开始的话，时间来不及了，只能完成到一半的程度。”

一听这话，上司立即说：

“你在说什么呢？如果没有目标，什么事都做不成。”

“反对！”

“难以办到！”

经不起被这样说的人，就是动不动就认为自己受到了攻击、受到了责难的人，属于混淆了“对人”与“对事”的类型。

嘴里说着“什么样的意见都可以提”，然而一旦真的出现反对意见就生气，这样一来就再也没人提反对意见了。

突然被别人批评说“你这个想法太陈旧了，不值得一谈”时，也许会直接表现出不高兴。但是，在这里，可以尝试改变一下看法。

你可以将听反对意见看作是了解他人想法的机会。这样的话，还是听一下反对意见对你更有利。

5. 不可以生气的三种情况

如果不能将自己的意见正确传达给对方，生气就没意义

前面我们叙述了两种不该生气的情况：

① 无法控制情绪的生气。

② 任性的生气。

最后，我们在这里举出第三种情况：

③ 对对方严加指责类型的生气。

既然生气也是一种交流，那么，单方面指责就没有了意义。

性格严厉、独断专行的老板，每当遇到不高兴的事情时，就会将其怒气发泄到部下身上。其结果会怎样呢？对老板进行反抗的部下逐渐消失了，但部下会反过来将怒气发泄到更弱的人身上。这就是所谓的迁怒于他人。不久，整个公司失去了活力，老板一个人仍旧在那里大发雷霆。

生气时，只有将自己的意见传达给对方，才能达到目的，如果不能这样，那么生气不仅失去了意义，还会在各方面带来负面影响，只能变成一种有害的行为。

前面我们提出“有不满就去生气”，阐述了为什么要建议你生气。不过，这同时也是在建议你要防止随意胡乱生气。

在今天这个社会，能使人变得焦躁的事情太多了。为了消除这种影响——

①“要在该生气的时候生气。”

②“在不该生气的情况下不生气。”

如何区分运用这两点因此变得很关键。

在有不满时，如果只为了消除不满就随性地大怒、乱发脾气的话，他人就会觉得“所以必须事先警告，生气还是不好”，等等。这样一来，那种“不要生气”的风潮就又会反扑回来，导致再次形成难以生气的氛围。任何事情都有正、负两面。高明的生气方法，也包括做出不生气的选择。

关键时刻保护对方

在与竞争对手公司的竞争性演说中败北、完全气馁的A君，回到公司后，将失败的结果告诉了部长。

因为部长事先已经向A君讲了本次演说对于公司的意义，希望A君务必在演说中获胜，重振士气，以提升公司下滑的销售业绩，所以，失败后的A君已经做好了部长会对自己生气的心理准备。

部长听完汇报后，站了起来，走近A君，说：

“是吗，不觉得遗憾吗？”

“已经尽了全力，实在是能力不足，对不起！”

因为知道部长可怕，所以，A君估计接下来一定会传来部长的骂声：“这样关键的时刻，你到底做了什么！无论怎么样，我们都必须拿到这份活儿啊！”在这一瞬间，A君已经不知所措——部长的下一句话一定很可怕！A君惊恐万分，但是部长却这样说道：

“算了，冷静一下头脑，检讨一下为什么没有成功，准备下一次吧。”

上面的例子是科长A君讲述的事情。A君说：

“部长内心应该非常生气，但是他没有发火，非常平静。我从未见过他如此稳如泰山的态度。在我想着‘下次无论如何要干好’的瞬间，部长以强烈的语气忠告道：‘下次的机会要自己创造，因为这次不算完啊！’”

做出在彼时不该生气的判断、只是在最后进行了忠告的部长，确实如A君所言，可以说是一位稳如泰山的人物。

但也有人在事情未能如期望的那样取得进展时，会不计后果地变得怒不可遏。

“为什么慢慢腾腾！”

“为什么每次都这样！”

这里使用了疑问的语气，其实质是：

“何故？”

“为什么?”

也就是在对部下严加指责，反复逼问。

人在遭到逼问或不分青红皂白地被指责时，会表现出诸如“即使你那样说，我也不会……”那样的强硬表情和架势。并且，人在被问及“为什么”时，有时也可能无法马上回答出来。有的人便会更加不喜欢无法做出回答的对方，或者进一步激烈地对其严加指责。

如果是有自信的人，就不会指责对方，而是思考如何避免失误。而如果勃然大怒，说些诸如“要说几次你才能明白啊”这样的话，可以将其理解为没有自信的人的台词。

结果，会被对方（部下）：

- 置若罔闻
- 故意偷工减料
- 装作忘记

这些都是失掉干劲儿的人所采取的态度。

如果遇到说了多次还是得不到改善的情况——

① 反省自己的生气方法，改变做法。

② 如果判断为即使生气，对方也不会开始行动，就要停止生气。

也就是说，改变为使用上述两种方法中的某一种。

如果是平日经常接触的对手，①的方法会有效。

我曾从某位女性老职员那里听到过如下的事：

我面对着无论怎么说都无法沟通的上司，觉得再说什么都是白费。

不过，最近，我不带情绪地将业务上积压的难办之事简单托付给了上司，结果我自己的紧张状况得到了缓解。如果无法沟通的话，可以同样地在不带情绪的状态下不断地将客观事实告知对方。

因为如果你不说的话，就会只有自己心里一直有疙瘩。

该女士的做法对“在表达方法上用心，以便和对方沟通”一事进行了实践证明。

也有令你无法生气的对手

关于②，无论你怎么说，对方的态度都是：

- 不改变
- 变得越来越固执
- 你不知道对方会说出什么来

面对这样的对手，如果你生气，会更加对自己不利。

负责电子机械维护工作的女职员说：

“我在事前已经就如何操作机械进行了说明，而且也说了注意事项。可是，当对方因为没有遵守注意事项而造成机械故障时，即使你对对方说‘是因为你触碰了××而造成故障的’，也会有人顽固地不承认错误说：‘不，我没有碰。’并大声地重复：‘我没有那么做。’与这样的人共事，无论到什么时候，你都无法集中精力做自己的事情，只能放弃生气。”

我建议她改变一下说话的方法，比如可以这样说：“你干得还行，其实我也曾不小心触碰过××。”她立刻回答说：“我也这样尝试过了，但还是不行。对方会反驳说：‘我不会做那样愚蠢的事情。’对于这样的人，只能不与其共事了。”

世上确实有令你无法生气的对手。

这是前几天的事。

快到傍晚六点、临近下班高峰时，在地铁站发生了这样的事情——

车门刚刚关闭，突然传来男性的说话声音：

“大家都按顺序排着队，你插进来算什么啊？请你道歉！”

我扭过头向那个方向看去，原来是一名接近60岁的部长模样的男子，向一名中年女子发泄着愤怒。

“你不吱声大家就不知道了？你说句话能怎么样呢？”

中年女子一直面无表情地看着年长的男子。也许这种态度刺激了该男子：

“道歉！”

那名中年女子突然这样喊道：“打人了！”

“你在说什么？我什么时候打你了？”

“我被这个人打了。”这名女子在说这句话时，表情一点都没变化。男子在一瞬间已经不知道该说什么好了。这属于意想不到的挑衅，这样下去的话，情势对该男子很不利。

我与该男子对视了一眼，向他发出了“不要再理她”的暗示。因为可以肯定的是，已经不知道该女子接下来会说出什么了。

车站站台、电车车厢等地方，是陌生人聚集之地。

不知道这里会有什么样的人。会突然发火的人也一年年地不断增加着。

不仅不承认自己的错误，反而将自己说成是暴力的受害者，这样的人近来也在增多。

如果对方正属于这一类的话，最好就“不要理他”。

在辨别对方是否属于那种“即使对他生气也没用”的人的问题上，如果你与对方日常接触机会较多，对对方人品、性格等也都熟悉，事情就不是那么困难。

而在公共场所，你遇到的是不认识的人，一点能作为线索的信息都没有，此时就只能靠观察“你生气后对方的反应”来辨别了。

其次就是说话人的胆量和机智能够起到作用。

等待出租车的人排成了长队，这时一个女子插了进来。见此情形，有一位年长的男性以轻松愉快的语调微笑着问道：“你有急事吧？”

对方（女子）说：“啊，对不起。”说着她连忙排到了队伍后方。

不要毫不掩饰地流露愤怒的心情，而是要稍稍用点儿心思。

这并不是件容易的事情，但是需要以此为目标，不断地反复积累经验。

第三章

生气的艺术

▼ 本章要点——生气的要诀【生气方法的十个原则】

① 弄清楚对什么生气。

② 了解自己情感的特征。

③ 即使最先发出的是愤怒的声音，通过控制情绪，从第二句话开始要变得冷静。

④ 先在小事上生气，并逐渐习惯生气。

⑤ 用平常的声音慢慢地说。

⑥ 将生气在纸上写出来。

⑦ 从传达“我在生气”开始。

⑧ 要传达隐藏在生气的情绪深处的另一种情绪。

⑨ 绝不说触及对方“逆鳞”的话。

⑩ 不能生完气就不管，要进行收尾。

1. 让日常关系起到作用

通过打招呼来打下人际关系基础

曾经担任过日本足球队教练的冈田武史，在某次对话中，曾这样说道：

“我之所以对队员们说一定要打招呼（寒暄），是因为我将交流纳入到一个哲学框架之中。对队员而言，不可避免地要打招呼，所以，就先从打招呼开始交流吧。……

“三十多名男子集中在一起，只要不是同性恋，就不可能全都关系好，其中肯定会有相互合不来的。队员间在协作方面的交流，首先是相互认可。无论是为了要求对方认可自己，还是为了向对方传达认可对方之意，不打招呼都是不行的。”（长田弘连续对谈《询问之力》，美铃书房）

正如冈田所说的那样，所谓打招呼，是指承认对方的存在、相互间搭话的一种交流。

在工作单位中作为小组的一员而工作时，相互间打招呼，是相互协作、完成工作单位的目标所必不可少的条件。

在同一个单位工作的同事之间，如果能形成一种可以轻松地打招呼，甚至能够说些笑话的人际关系的话，那么，其相互的交流一定会更加顺畅。

“感觉现在的方法有些问题啊。”

当后辈发话后，前辈也会对此给予回应：

“确实有问题。虽然有问题，但长时间以来一直就是这样做的，放弃有点儿困难啊。”

“正因为长期以来一直这样做，所以就不改变吗？”

“话说回来，除此之外还有什么办法呢？”

“所以，这就是大家今后应该一起思考的问题啊。”

“这个问题是你提出来的，你总该有自己的想法吧？”

“你又把问题推到我这儿来了。你太狡猾了，前辈！”

“我可不狡猾。我只不过是说了理所当然的事情。你说也说了，但别人问你该怎么办，你就说什么都没想——我可不信。”

“那我想说的就不能说了？”

“在刚才，你想说的不都已经说了吗？”

前辈与后辈之间能这样交换意见，是在通过平时问候、互相打招呼而形成比较容易说话的环境之后才出现的。

在工作单位，有各种各样的人。

各自有着不同的好恶，还经常有利害关系的冲突，价值观也各不相同。

所以，当然会有对方的话不中听的时候，在工作的方法上，也会有不同看法。

“用现在的方法肯定不会顺利。”

“没那回事。现在不是已经取得很好的成果了吗？”

诸如上述这样的意见对立也会经常发生。

这时，就形成了下述这样几种平时的人际关系状态：

- 疏远冷淡
- 板着面孔
- 不相信对方

在这样的状态下，哪怕有一肚子想说的话，也难以开口，甚至会有人觉得“反正怎么说都没用”，因而放弃不再开口。

再加上，在现在的职场，大家都埋头于工作之中，办公室非常安静，这时如果有人突然大声说：“喂，这是怎么个情况？”你可以想象得到，周围冰冷的目光会一下子集中到那个人身上。

在这个状态下，无论是谁，都无法生气，都会一言不发。

要改变这种情况，首先要从以下行为做起：

- 通过问候打招呼，将工作单位改造成气氛活跃的空间
- 注意营造一个对他人关心、相互协作的工作环境

作为展现“生气的艺术”的基础，如果有了牢固紧密的人际关系，那就无可挑剔了。

生气也需要得到对方许可

正因为“生气的信息发出”时会产生较大影响，所以，发出信息者在对方的眼里是什么样的形象，就成为不可忽略的重要问题。

与“说了什么”相比，人更容易关注“是谁说的”。我们经常听到的“不想被那人说”这句话，对于生气者而言，就是一种“警告”。

如果能这样想，就说明交流会是有效的。

自己应该做的事情都没做好，而是光发牢骚，任谁都不会听吧？只有言行一致、以身作则的人说的话才有人听。

对开会迟到的部下，上司之所以可以以严厉的语气批评，是因为上司本人能够严格遵守时间，平时就强调“时间就是生命”。

认为自己有能力、自认为比上司能干的人，需要注意自己的发言

方式。

因为认为自己“有能力”的想法，会导致过于自信，进而在处理事情时不注意措辞。

接手了朋友父亲的律师事务所的U君，在学生时代就通过了司法考试，是优等生。

我被邀请参加了事务所的开业酒会，为U君优雅的举止、认真的态度所感动，觉得他并不仅仅是靠头脑聪明而成功的。恰好此时，旁边的人也评价他道：“虽然年轻，但是个很成功的人。”我也深有同感。

在技术进步显著的今天，部下或年轻人比上司、前辈更能了解最新的信息、掌握最前沿的技术的情况并不少见。

莎士比亚曾说过，有能力者阐述意见时，“要在其脚下放上谦虚的梯子”。

如果说生气也需要资格的话，那么，该资格就是：

① 认真做好应该做的事情，也就是说充分发挥自己该发挥的作用。

② 越是有能力、自认为“能做好”的人，越应该在说话时保持谦虚的态度。

“如果是被那个人批评的话，可以接受。”

这一句话标志着生气者得到了必要的许可。

了解生气方式的特点

“生气”的情绪与其在表现方式上的倾向属于不同的事物。

古罗马哲学家塞内加在其《关于生气》（茂手木元藏译，岩波文库）一书中，这样写道：

“生气与性急之间的区别是很清楚的。这就如同醉酒与醉汉、操心与爱操心之间的区别一样。”

“性急”是指生气的表现方式，即愤怒突然喷发出来的“瞬间沸腾”型的人被称为“性急的人”，它说的是与生气本身不同的关于性格或天性的事情。

感到生气时，其表现方式因人而异。

在掌握了生气的技巧的基础上，了解自己在生气的表现方式上的特点很关键。

① 性急的类型

指突然之间怒气上涌，无法控制情绪的类型。

这类人的特征是，虽然知道自己性急，但是仍然会突然一下子发怒。

因为年轻时一直以“血气旺盛”为借口求得了别人的宽容，所以，即使到了中年还是难以改掉性急的毛病。上了年纪以后，更加爱生气，为周围人所不喜。

但也有人反过来将计就计，采取扬言“我属于马上勃然大怒的类型”

的方法来求得他人的谅解。

不仅会突然生气，也会很快消气，并且有时会陷入强烈后悔之中，这种人也属于性急的类型。

② 很少会生气的类型

这是与“性急”正相反的类型。

我的朋友E君就好像属于该类型。

他是一位整天和和气气、高高兴兴、非常爱说话的45岁左右的男性。

“想看一次E君生气的样子呢。怎么不生气呢，你？”

当我这样说时，E君说：

“确实如此。我没有过突然发怒的时候。”

“你没有不满或恼火的时候吗？”

“那肯定有啊。”

看到E君微笑地说着的样子，属于性急类型的我真有点羡慕了。下面是我和E君一起进商店时发生的事情。

“刚才有个店员，我向他打招呼，他竟然没回应我啊！”E君这样对我说。

我询问道：“然后呢？”

“然后，我问他：‘你没听到我跟你打招呼吗？’他却回答说：‘嗯，听到了。’”

“是吗？所以你才说想让对方应答？”

“你听到他的回答了？”

我心想：“这样啊，这就是他的生气方式啊。”

对方的态度若令E君无法接受，他也只是淡淡地说：“有什么办法没有，对于这种态度？”即在愤怒的情绪没有爆发之前，以轻松的、开玩笑的口吻讲出来，了结此事。E君就属于这一类型的人。这就是我和E君在一起时所注意到的。

前几天，我在快要出电梯时，与一个精神颓废的、阴沉着脸的人迎头撞在了一起。

那个男的一步都没想后退就站在了那里，性急的我勃然大怒。在那一瞬间，我的脑中闪过一个念头：如果是E君，他会怎么做呢?

或许他会笑着说“晚上好”之类的话吧。

像E君这样的人，也许也会变得感性，但他清楚地知道自己做不到以强硬的语气指责他人。

③ 平时很温和，但生气时会变强硬的类型

我有一位32岁的男性朋友，他平时很温和，又谦让，从不发怒。尽管如此，他还是有易受伤害而表现得暴躁的一面，只是平时不暴露于表面，所以周围的人未曾留意。但偶然有一次，别人只是对他说“这样不行啊”，他就突然大声发起脾气来：“请你不要那样说！”结果周围的人都很震惊。在他心中，似乎有不能触碰的“雷区”，如果对方在谈话中偶然触及该“雷区”，他就会令人意想不到地发脾气。

据他本人讲，他自己也没有意识到一旦别人触及他的“雷区”，他便会情绪失控，大发脾气，直到听别人说起，他才意识到问题所在。

如果你跟我这位朋友的情况一样，你可以回忆一下自己过去在什么样的时刻会意想不到地怒气上涌。你可以追寻着回忆，对自己的行为特点进行思考判断。

如果对方属于这种类型，你可以事先了解一下他之前是在被谈及什么样的事情时突然发怒的。

④ 正义感很强，一遇到不合理的事情，就会激动地与对方争辩的类型

与③相比，很容易知道该类型的人会对什么生气。

该类型的人对错误的事情、不公平的事情、不正确的事情都无法保持沉默。

他们会很明确地发泄愤怒："喂，请停下！"当排队有人插队时，不管对方是什么样的人，他们都会大声斥责："你不知道大家在排队吗？到最后面排队去！"

"虽然被妻子警告过'不要那样。如果遇到危险，就糟了'，但可能是出于天性吧，马上就会热血沸腾。即使在公司也一样，哪怕对方是上司，只要认为不合理，就不会保持沉默。"

但希望你回顾一下：认为自己正确的这种想法，是否会直接导致你在生气时没有考虑对方的心情？

⑤ 以"决不能原谅"为口头禅的类型

这种类型是，当自己的形象被否定，或自己的努力未被理解时，会发

出大大的声音："可惜我这么努力！""你认为我是这样的人吗？"嚷着："决不能原谅！"

也有人乱用"决不能原谅"这句话。只是因为店员稍稍让你等了一下，就会对店员不满；当同事说错话时，就会对其加以责难。这样的人，就是前文所说的"任性的类型"。

上述类型显示了笼统的生气的倾向。尽管笼统，但如果能事先了解自己生气的倾向，就有助于自己思考应对措施。

2. 认清情感的真实面目

为了使情感表达更加丰富

所谓情感，说的是意识的主观层面。

关于意识，《岩波国语词典》做了如下说明：

“自己知道自己现在在做什么、现在处于什么状况，等等，是心理的活动。”

人的各种各样的情感，可分类为“喜怒哀乐”。

长期以来，日本人将对“喜怒哀乐”进行抑制，不使之外露作为美德。

尽管如此，怀有情感对于任何人来说，都是自然的事情。情感使人的内心变得丰富，使作为人“活着”的实感变得清晰。

“分享快乐，快乐就会加倍；分担痛苦，痛苦就会减半。”

正如诗人歌德上述名言所说的那样，分享正面的情感，会使各自的情感增加，并变得柔和。

在今天这个时代，即使在日本，坦率地表达情感也已经被当作令人欣赏的事情。与以前相比，直截了当地表达情感的人在增多。

在针对表达情感的限制的减少过程中，为了表达丰富的情感，我们现在还有哪些课题需要面对呢？

① 虽然对情感的表达获得了解放，但是，与以前相比，无表情、无反应的人增多了。

前几天，我看到了一篇标题为“不打招呼的中老年男性”的文章。见面不打招呼的人的表情，都是同样的无表情。

原因之一是，与不认识的人的接触越来越多，人们的警戒心越来越重。

原因之二是，社会竞争愈演愈烈，人们专注于自己的事情，无心关心他人。

② 人们热衷于手机沟通或智能手机应用软件，远离人与人之间面对面的交往，使得人与人之间难以建立牢固、坚定的感情。

如果你开始感觉面对面交流麻烦，那就需要注意了。生动的情感的表达，只有通过直接的接触才能变得丰富。要牢牢记住，与人的交流，只有通过面对面接触，才更加长久。

至于通过网络联系看不见对方样貌的交流，如果只是一味地发出生气的信号，则属于不负责的行为；应该露出身影、报出真实的名字，然后发出信息。

③ 解放与抑制之间的平衡很重要。

也许是一直受到抑制的缘故，虽说情感表达已经被解放，但人们仍无法立刻做到良好地表达情感。

不过，能坦率地表达“喜悦”之情的人已经明显增加；特别是年轻人，会做出“笑脸”“振臂呼喊”的姿态，另外，有发出“成了！”的叫声等表现的人也越来越多。

阳光性格之所以为人们所喜爱，大概是因为人生中充满了“痛苦”“悲伤”“不满”吧。

喜悦的表现不仅显得阳光，而且会“照亮周围”。虽然如此，有时还是要加以克制。

以体育比赛胜利为例，在表达喜悦、欢天喜地之余，必须克制轻视对手的那种傲慢表现。

情感的表达，通过抑制，反而会产生深度。

悲伤的情感是难过的。直接的悲伤表现会让人感到痛苦。

据说查理·卓别林在儿童时代就被教导：“查理，悲伤的时候要笑。”卓别林的笑，是在抑制悲伤的同时，将悲伤融入笑之中，正是这一点打动了人心。

情感的表达，包括外露与抑制两个方面。

情绪的抑制与外露之间的平衡很关键。

“怒”这种情感，无所谓好，也无所谓坏

在“喜怒哀乐”之中，“怒”这种情感被当作“危险物”对待着，人们一直说它是“不该拥有之物”。

包括“怒”在内，所有的情感无所谓好与坏。人就是情感动物，所以，无论什么样的情感，即使你不让他拥有，他也会拥有。

我从学校毕业进入公司时，在接受新人教育的过程中，曾经被进行如下教导，至今仍记忆犹新：

“你们已经不是学生，已经是参加工作的人了。所谓参加工作的人，就是不能将自己的情绪带到工作场所的人。成人是不该遇到事就立刻发怒的。”

也就是说，我们被告诫：既然已经参加了工作，就应该避免生气以及避免出现突然发怒的情况，要以一颗平静的心来对待事物。

但是，当我们来到被分配的部门之后，看到的是完全不一样的情况。在这里，有人会发火道：“为什么到现在才说这事？你真可恶！”而上司也会常常对部下生气：“为什么没确认啊？你稀里糊涂的事太多了！”等等。

只要工作，就会碰到不遵守约定的人，还会碰到因疏忽犯错误的人，让你想生气的事情太多了。

只要是人，就都有可能会生气，没必要勉强去抑制。我的实际感觉是，人会生气是理所当然的事情，这才是人在工作单位的正常情绪反应之一。

当怒气遭到抑制时，你会怎样呢？

当怒气被抑制时：

第一，就会有精神烦恼，其结果是变得更加容易生气。

第二，变成如下状态：

爱德华有个令人难堪的毛病，即每当急躁情绪高涨时，他就会对妻子大喊大叫。据他本人讲，他现在仍在努力控制情绪。无论他对妻子有多大的怒气，他都会尽量克制不让感情表露出来，最后却经常爆发。像爱德华这种类型被认为只是因为其人过于情绪化，但是，他抑制自己情绪的努力的结果，却是加剧了情况的恶化。

上述内容引自由哈佛大学教授组成的交涉力研究团队的成员们的共同著作《让你顺利传达难言之事的会话术》[1]［Douglas Stone（道格拉斯·斯通）、Sheila Heen（希拉·汉）等著，松本刚史译，草思社］。

人大声喊叫或哭泣，并非因为过于情绪化，而是因为“过于抑制情绪”。这种观点确实有其道理。

即使像咒语一样对自己说“不要生气”“不许生气”，但最终还是爆发了。

对怒气进行抑制的负面影响还有：

① 变得不愿意听对方的讲话

人往往随心情的好坏选择听或不听对方的讲话。当内心生气时，即使

① 中文版译名：《高难度对话》。——编者注

对方说的是有价值的话，也会打折扣地去听，认为“反正肯定都是从他人那里现学现卖的内容”，等等。生气会让人形成一种潜意识的负面情绪。

如果从讲话这一方的立场来考虑，为了让对方能听话，就要选择对方心情好的时候去说。对方本来就在生气，再讲些麻烦的事情，就会如火上浇油。

② 被对方“敬而远之”

对方开始疏远你。

早上打招呼时对方也爱理不理。

午休时对方故意与你拉开距离。

对方明显在躲避你，原因可能有很多，主要有以下心理因素：

- 不想向让自己感觉生气的人开口
- 一旦开口，就会想说些讽刺的话，所以，不想与你目光相对

如果因不好开口就憋在肚子里，躲避对方，实在让人遗憾。这时，第一，作为“感觉生气的一方”，应该直接面对对方，明确告知“我在生气。不和我说话或不向我报告的话，我会无法接受”。

第二，如果意识到对方在疏远自己，不能放任不管，要主动打招呼，坦率直言：“你是不是有什么话要说？请不要有顾虑，直接和我说。”

如果这样说了之后，对方还支支吾吾的话，就再说一句：“如果你沉默不说，那就太见外了。”

如果这样做了，对方还是不说，可以试着给对方些时间："那算了。等你想说了，什么时候都可以来找我说。"

如果起初没有断绝关系的想法，却在疏远对方后导致出现关系真正中断的情况，这就如同关系变得不好的恋人在恋恋不舍中分离一样，令人后悔。

③ 生气即使隐藏起来，也会表现在态度上

人的心情，即使不流露在语言上，也会表现在态度上。

内心生气时，即使显得很平静，或相反摆出一副开心的样子，也会让人感觉好像哪里有点不正常。大多数人都会看出你"和平时不一样"。

所有的情绪，哪怕在语言方面进行了隐藏，也会体现在非语言方面。

- 声调
- 眼神
- 表情
- 举止
- 动作

如果你观察生气者的上述表现，就会发现其情绪在其中某一方面上有所体现。

"人的态度，就如同玻璃房子一样，从外面完全可以看得见。"

既然情绪总会被察觉，不如直截了当地传达生气（当然这时要在传达方式上用点心思），这样双方都会感到痛快。

生气是人的主观意识的情感表现

我们经常会听到有人说："别惹我生气。"

这个说法并不正确。

对方的言行虽然会成为你生气的"导火索"，但生气的不是别人而是你自己。

当你不满时，你会觉得"真生气，那个家伙真讨厌"。

这样一来，你就将对方当成了坏人，结果你更加生气。以下是我本人的失败经历。

约定的时间要迟到了，我急忙跑出事务所，运气还不错，正好赶上了路过的出租车。

但好运气到此为止，在这之后，很多次信号灯就在眼前变成了红色，我因此变得焦躁起来。

"为什么信号灯这么多呢？还故意变成了红色。没有什么办法吗？"

"你可以这么说，但也不是我让信号灯变成红色的啊。"

听司机这么说，我更加生气，对司机也恨了起来。

当然，既不是信号灯不好，也不是司机故意开得慢吞吞。也许是察觉到了我的想法，司机安慰着我说道："客人，人着急的时候就是这个感觉啊。"我慢慢恢复了平静。

"因为是快到了约定的时间才跑出来，所以心情才变得烦躁。"

“要在几点之前到啊？”

“四点半之前。”

“啊，还来得及啊，时间还有富余。”

“是吗？太好了。”

我终于松了口气。奇怪的是，在这之后，红信号灯也减少了，绿的信号灯多了起来。

随着我心情的变化，一会儿感觉连信号灯都不给力，一会儿又觉得信号灯在帮助我。意识到自己这个状态，连我自己都觉得很奇怪。

片面地将发火的原因归于对方、归于仿佛故意变化的信号灯，并想说：“错误的是你（对方）。”——勃然大怒时，就会变成这样。但是，生气的的的确确就是你自己。你要是冷静的话，就会明白。

40岁左右的科长对我说“我也有过这样的经历”：

“午间休息时，我正坐在自己的座位上推敲着关于新项目团队的构想，这时，附近座位上的年轻职员一边说着话，一边放肆地发出了笑声。笑声影响到了我，我忍不住大声斥责道：‘太能吵了！我在考虑事情呢。停下你那像傻子一样的笑声！’其实当时我没必要大声喊，我马上就后悔了，但事情已经发生了。

“当时我认为‘在我思考问题时，像傻子一样捧腹大笑的同事很令人讨厌’，确实是将年轻的同事当成了坏人。现在我才意识到这一点。”

那么，作为科长，要怎么说才好呢？

“我正在思考事情，你们的笑声打断了我的思路。”

将这种意思传达过去之后，他们就会马上站起来说“啊，对不起”，并转到较远的座位上吧？即使是因为对方周围的事情而生气，但情绪本身却是自己可以控制的。

一旦生起气来，不知不觉间就会发出很大的声音。

有着“这样真不好，要尽量不生气”的想法的人相当多。

而生气时发出大声的原因在于“觉得错误在使自己生气的对方那里”，结果就责难了对方。

如果不是责难对方，而是意识到要将自己的心情传达给对方的话，突然激动地大叫的次数就会逐渐减少吧？

探究作为生气的根源的情感面目

所谓“生气的艺术”，用一句话说，就是“将正在生气的自己的情绪传达出去的技巧”。

因为生气通常是突发性的，所以要想认清正在生气的自己内心的真正情感，是一件较难的事情。

“我为何又乱生气了？”在类似这样的情况下，你就会不知怎么处理自己那无法被认清本来面目的情感。

情感这个东西相当复杂，所以，即使是生气的本人，有时也会不明白到底自己“为何生气”。

请看下面的例子。这是某晚我在酒吧柜台喝着威士忌酒时发生的事情。

本想一个人静静地喝几杯，便走进了这个酒吧，但是邻座有一位35岁左右的喝醉了的男子，在那里嘀咕着对上司不满的话。

“这个男的太吵了。”我这样想着的时候，他的不满也传入我的耳朵里：“科长什么都不懂。喂，你也这样认为的吧？”

柜台里的年轻吧员不知道该说什么好，只是含糊地点着头。也许是对吧员的态度感到不满意，那个男子转而问我道：

“喂，客人，是这样吧？你不这么想吗？”

本来不想和这样的人谈话，但是，“到底这个男的对什么生气呢”？我起了好奇心，就询问了一下。

原来是他的方案被上司退回，而且上司采纳了后辈的方案，因此他觉得“不正常”“岂有此理”。

“总之，科长有点儿不对劲。”

他既没见过我，又不知道我是哪里的谁，就开始发起牢骚来。

“科长是这样说的：‘你的构思我明白，但你企划书的写法有问题。另外，最后的结论有错误。对这样的方案，谁都不会得出OK（可行）的结论吧？总之，你把工作看得太简单了。工作，要立足于现状来进行，这是最基本的原则。单单随便灵机一动的话，谁都不会认为OK（没问题）。’

“他说得太严重了吧？光贬低我，我的构思的新颖性，以科长的头脑无法理解吧？总之，就是因为他没眼光，所以才会说企划书这也不好、那也不对。”

以上就是这位男子的主张。

“无论怎么看，科长都是在提拔比我差的后辈，相反在贬低我。这太不公平了，所以我才生气。”这是他的说法，但他生气的真正原因就是这些吗？

从表面上看，他是对上司轻视自己的态度感到生气，但除此以外没有其他的情感因素吗？

在生气的情感背后，隐藏着引发生气、应该被称为“生气的根源”的另一种情感，我们可将其称为“潜在情感”。

那个男子的潜在情感，可能是“不安”。

虽然上司说的是企划书的写法有问题，但真正想说的是其本身能力不足吧？该男子带有这样的不安，但又不想承认，于是就把作为“潜在情感”的“不安”掩盖了起来，逞强地说：“科长什么都不懂。”

离开酒吧的时候，该男子这样说道：“其实我是感到不安啊。”我回应道：“你自己意识到了啊！这样很好。”并且给了他建议：明天直接跟科长说明自己的真正想法。

有时我们自己能够意识到由“潜在情感”流露到表面所形成的生气很强烈。若能够意识到这一点，如那名男子那样承认“潜在情感”，便是前进了一步。毕竟，将“潜在情感”坦率地传递给对方并不容易。

科长很关心部下B君。也许是和B君投缘吧，部长经常将B君叫过去，征求意见，又向科长询问B君的工作情况。某日，有客户投诉了B君，因为B君在与客户会面时迟到了30分钟。

科长将B君叫了过去，以强硬的语调提出了警告：

“比约定时间迟到了30分钟，这算什么事啊！”

然后他不听B君的解释，继续说：“再做错事，就不要出去了。”

科长强硬的语气背后潜藏着的是对B君的嫉妒。B君既能干，又受部长器重，让科长常常产生不快。这种不快感其实是作为“潜在情感”的嫉妒。科长自己也稍稍意识到了这一点，但这对一般人来说是很难亲口承认的。

即使很难说出口，但还是坦率地讲出自己的内心为好，这样关系才会变好。

在“生气”的背后，关联着另一种情感，如：

- 不安
- 嫉妒
- 憎恨
- 自尊心
- 困惑
- 耻辱

等等。

所谓“潜在情感”，就是存在于生气的人内心的脆弱情感。正因为其脆弱，所以才会说逞强的话，将其隐藏于内心深处。

如果单单说些逞强的话，对方为你气势所迫，表面上看是听从了你，但并没有从内心接受。

有时你会大声申斥对方。可是，在关键时刻，要能够将内心深处的

“潜在情感”，坦率地用自己的语言传递出去。

以自己的情感为优先

在这个社会上，会遇到“谦让为好”和“不谦让为好”两种情况。

如果对什么都一味谦让，被谦让的一方或许就会得寸进尺；而决不谦让的话，又会变成硬邦邦的死板的关系，形成无法融通的、拘泥的社会。

能够表现谦让的优点的语言是“您先请”——自己退让一步，让对方先行，属于日本人的习惯。

当你驾车行驶在狭窄的道路上时，对面来了一辆车。其中一方如果不是主动让到路边而是继续行驶，双方的车辆就无法继续通行。

最佳的结果是，其中一方为对方着想，让到了路边，向对方谦让说“您先行”。放到现实中，相向而行的两辆车的司机相互看着对方，然后，其中一方没办法，后退到路边，避免了时间的浪费。

但是近来，“您先请”这样的情况在消失，而那种毫不顾忌地横冲直撞的情况在增多。

谦让对方，虽然乍一看似乎是吃亏了，但会为对方所敬佩，也节省了时间，最终还是赚了。

“失即是得。”

这是古人的智慧，是在竞争的社会中被忘却的“活的智慧”。希望父母将这种智慧传给孩子，让孩子记住。

另一方面，也有不能谦让之物。

生气的情感，就是不能谦让于对方之物的代表。

Garret Keizer（加雷特·凯泽）所著的《人为什么生气？》（高濑直美译，sanbooks出版社）一书中这样写道：

“必须从最初就教给孩子：生气是被允许的行为。”

这对日本人来说是一种重要的警告。因为在日本，一直以来，早早就谆谆教诲孩子：“生气是不允许的行为。”

《人为什么生气？》一书还指出：

“不生气的家庭，与不开窗户的房子一样不健康。”

生气是自然的情感。

不生气或即使生气也让对方优先，就是不自然的、不健康的。

结婚纪念日计划一起去外面吃饭，可是到了当天，妻子说：

“对不起，今天时间不方便了。刚才朋友来电话，说有事要谈，希望见我。”

如果妻子这样说，几乎所有的丈夫都会生气吧！丈夫会问：“为什么不拒绝对方呢？”

但是，大家也一定记得某本小说中以“没问题，你去吧”做出谦让的那位主人公丈夫吧？

一般人都会生气。相反，如果不生气，就是哪里有问题。

即使妻子自己都说“今天不行”“时间不方便”，但是如果丈夫谦让说“我没问题，你去吧”，那妻子就会因此焦躁生气，故意撒谎说“那我找别的男人到旅馆开房去”。实际上，称“我没问题，你去吧”的丈夫已经在外面有了女人。上面是那本小说里写的情节。

无论对方怎么说，都既不生气也无不满，这本身就是问题，说明当事人对对方不感兴趣。

夫妻相互间如果对对方变得不关心、不感兴趣，那就只能属于不健康的夫妻关系。

对于以自己方便为优先考虑的对方，即使生气，也不想争吵，也不表现出讨厌对方的表情，那就等于转让了自己的感情。其结果会怎样呢？

“他是个毫无主见的人啊。”

“跟她说了也白说。”

就会如上述这样被对方轻视，进而被无视。

与对方的感情一样，自己的感情也非常重要。另外，自己的感情，只能靠自己来守护。但是，如果谦让的话，就等于跟对方说：“请无视我的感情。”

如果被无视，无论是谁都会感到不快，所以，在一味地谦让对方的同时，你的怒气会逐渐膨胀起来。

3. 良好地传达生气情绪的方法

（1）控制生气

如果对方不按照你说的去做，你就会勃然大怒，大声申斥："你没听到我说的话吗？"这样的经历，估计所有人都有吧？

现在我想说的是，如果在众人面前大声斥责的话，毫无例外地会失去对方对你的尊敬。

第一，大声斥责会使你失去自我，头脑不能运转，说些片面的话。

第二，因被斥责的人没有习惯被你大声斥责，故而或者会反抗，或者会感到恐惧，导致其内心开始对你疏离。

即使不是急性子的人，生起气来也多是突发性的。就连平时稳重的人，当怒气上升的时候，血也会一下子涌上头顶，会一口气倾吐出内心的不满。

在这种情况下，如果毫无保留地发泄情绪，人际关系会一下子被破坏掉。而“生气”的目的并不是破坏，而是修复关系。

在勃然大怒的状态下，不应任由愤怒而生气，而是应该放慢一拍，让自己的情绪平静下来，哪怕一点点也好。也就是说，即使发出的头一声是愤怒的，从第二声开始，也要先呼一口气冷静下来。

为了控制感情，必须遵循该“延迟反应的规则”，设法让急怒的情绪平静下来。

呼一口气，平复心情

如果勃然大怒的话，就先稍微呼一口气。当血涌上头顶时，人就会情绪失控，乱发脾气。可以这么说，这时能够让你恢复自我的“时机”，就在呼那一口气之时。

应该在即将因生气要变得狂暴的时候，让情绪稍稍延迟一拍，集中意识于呼吸。因生气而变得激动时，人的呼吸就会变得紊乱。大发雷霆时，人会进入意识不到自己呼吸紊乱的状态，你可以将意识集中到呼吸上，调整它，使之恢复正常。

这里可能要跑一下题。我从孩提时代起就被哮喘所困扰。也许因为这个缘故，所谓“呼吸”被我理解为单纯的“吸”。

当哮喘发作，呼吸变得困难时，我对平时不曾在意的空气污浊变得讨厌起来。在明亮的光线之下，你会看到灰尘闪亮地舞动着，因为你已经将注意力集中到了吸气上。

但是，所谓呼吸，正如其字面含义一样——“呼”在先。首先是吐气。吐气吸气才是“呼吸”。

哈的一声，慢慢地吐气。然后，从鼻子满满吸入空气，一心将意识集中于呼吸。

在如此调整呼吸的过程中，人的情绪会稳定下来，恢复清醒。以前，我光考虑吸气，心焦气躁，饱受折磨。最近，当我呼吸困难时，就会先从吐气开始，之后再吸气。

当你勃然大怒时，先去吐气，然后吸气，这样会使自己心情恢复安定。

通过活动身体，改变心情

从早上开始就心情不好，很无聊。

在这样的心情下，脚撞到桌子脚上，在那一瞬间，勃然大怒，对着桌子喊道：“混蛋！”这样做之后会怎样呢?

去想象一下快递公司送货员的样子，回想他们的工作情态。

他们小跑着来到客户面前，精神饱满、朝气蓬勃地打着招呼：

“早上好，我是××快递公司的。”

“谢谢！”

他们焦急地奔走着，在奔跑中，将不快、焦躁等心情清洗干净。这难道不是一种聪明的做法吗?

为了平复心绪，不再生气，会自己告诫自己“不能生气”“要平静”

等。但是情感是与行为连接在一起的，所以，很难让情感按照期望的那样发展。

当心情郁闷时，你可以振奋精神，充满朝气地动起来，跟别人打招呼："早上好！"这样，你的心情也会随之变得阳光起来，生气会迅速被平息，值得庆幸。

紧张时也是一样的。

在很多人面前进行讲演时"怯场的人"，身体会变得紧张僵硬。这时，即使你对自己说"平静"，也不会有什么效果。

你可以尝试深呼吸，或将手握紧再松开，也可以尝试前后左右稍稍走动等。活动了身体，紧张的情绪就会得到纾解。

我们再次翻阅一下前面引用过的阿兰的《幸福论》：

"对走上舞台怕得要死的钢琴家，在开始演奏的那一瞬间，立刻恢复了正常。该怎么说明这个情况呢？"

阿兰是这样说明的：

"钢琴家通过手指的灵活移动，动摇和驱逐了恐惧。……是身体的运动，将我们从恐惧中解放了出来。"

为从压力之下解放出来，活动身体也是最佳方法。

阿兰曾说过这样的名言：

"不要焦躁。不要破坏赐予我们的人生的这一瞬间。"

在这里，

- “站起来”
- “伸懒腰”
- “一步一步慢走”
- “转动脖子，放松肩膀”

通过上述轻微的动作，你便会由“焦躁”沉静下来。

回忆自己平静处理事务时的场景

止住兴奋，缓解紧张。

为了达到这个目的，除了之前所讲的两个方法之外，还有回忆法。

也就是说，回想自己平静地处理事务、取得顺利进展时的场景，并将意识转向该方向。

每天早上，我都会高高地抬起手和腿，进行50次原地踏步。因为我平时几乎完全不运动，这样做仅仅是为了宽慰自己——到底对身体有效还是无效，我也不知道。只是，因为已经成为习惯，所以每天早上都这样反复进行。

生气时，我就会回想自己每天早上进行原地踏步时的形象。

有时，我会不出声地在心里喊着口令：“一二三，一二三。”当我回想这个画面时，脑子里浮现出的是自己很丑的姿势，我会情不自禁地“苦笑”，结果怒气就“后退”了。

在口才研究所附近的汤岛天神神社牌坊的侧面，有一棵巨大的银杏树。

11月中旬的某一天，我偶然仰头看到树上已经挂满黄色的银杏叶子，不知不觉为其美丽所吸引。附近的一男一女，拿着智能手机，也靠近过来，看得入迷。

不一会儿，那个男的说：

“勃然大怒的时候，看着这个画面来平息怒气怎么样？”

“也许不错。不过，能行吗？”

“可以把它当作汤岛天神的魔术。”

“我生气的时候，也使一下。”

生气的瞬间，想一下自己生气的形象，对自己说“这样可不行”，以此来平息自己的怒气。但与这种方法相比，好像还是那个映在智能手机上的“美丽的黄色银杏树叶子”的画面更能有效地改变心情。你觉得怎么样？

下面是从朋友那儿听到的事。

职业棒球队的四号击球手，因击球不中，变得焦躁，整个人状态很不好。在即将进入击球区时，教练走了过来，对他小声说了一句话。

之后，一直击不中球、焦躁不安的四号击球手，竟然打出本垒打！

回到座位的他，刚才的焦躁已经一扫而空，脸上带着满足感。

教练对他低语的内容是：

“想象你在击球区小便！”

人具有在头脑中想象影像的能力。

头脑中想象自己在小便，他放松了下来，轻松地挥动了球棒……

（2）怎样表现生气?

你可以生气。

问题在于生气的方法。

从上司的角度来看，因为部下已经入职十年，所以应该能单独制订新计划，并辅佐上司指导年轻的职员。可是，该部下除了大致做好自己所担当的工作之外，对其他工作都从不插手。

上司对他这样的表现感到生气，于是在众人面前斥责他道：

“已经是十年的职员了，还是老样子，你不感到羞耻吗？”

部下发牢骚说：“我已经把我自己该干的干好了，但还是被指责，无法接受。”过了几天，上司知道了部下发牢骚的事情。

上司感到愤慨，怒气冲冲地对与部下关系好的科长说道：

“他完全不知道自己的责任。像他这样的人，就是无用的多余之物。这样的人，解雇为好。”

作为老职员，除了完成分配的工作之外，再不做其他的工作，这样的部下对上司而言，也是个难以处理的对象吧？

这种人经常被当作生气的对象，虽然上司多次向其提出意见，但是也没什么效果。之后，如果部下反而在工作上偷工减料，或装作忘记的样子耽误工作，那么上下关系便会更加恶化。

不能突然否定对方

当部下未能按照上司期望的那样完成工作时，上司当然会焦躁，虽然如此，但也应该避免突然说出下面的话：

①“混蛋，我不是告诉你今天一早就联系吗？”

②“这样的事情，自己考虑。不要什么都问我！”

③“是谁让你用这种方法去做的？”

④“跟你说过无数次了吧？如果不马上做，就没意义了。”

⑤“还没做吗？是想让我生气吗？”

也不想一个劲儿地列举不好的例子，但是这些是在“管理人员研修会”上总结出来的“人们在勃然大怒时会脱口而出的”前五位的话，也是我们所说的“完全否定”性的话。

或许你还记得自己也曾说过其中的某句话吧？

关于①：前几日，曾委托部下“早上一上班就联系客户”，但那天问部下是否已经联系客户时，他回答说“现在联系”。

如果客户出去了，耽误了联系，就很容易造成纠纷。今后销售额的增加还要指望这个客户，不能被动。难道还不懂这个道理吗？因此上司忍不住大声申斥了部下。

关于②：正忙于分析资料，可是部下来询问各种细枝末节的问题：“这次展销会要用到的调查问卷什么时候发啊？问卷是在当时收回还是过几天再收回啊？还有，席次顺序怎么安排啊？……”

“你也不是新人了，这样的事情自己判断！”

没看到我没时间回答问题吗？我被触怒，大声申斥起来。

③~⑤都是部下未能按照上司期待的那样去做，导致上司怒气上涌，无法忍受，骤然发作，因而使用了否定语。

哪怕是上司，他也是人，也会出现因生气而大声申斥的情况吧？

虽然如此，类似于突然发作、大声申斥这样的行为，还是避免为好。因为：

第一，你的意思不能正确传达给对方。

第二，会使对方态度硬化，只能产生相反的效果。

第三，其结果，很可能你会再次大声申斥。也就是说，陷入恶性循环。

有位老职员曾说过：

“光是待在进行大声申斥的人旁边，心情就会变得厌烦。”

例如：

- 在众人面前斥责建筑工人的人
- 在拥挤的狭小的房间里，对众人发怒的人
- 让对方数人站着、自己坐着发怒的人

在上述这样的情况下，光是待在其人旁边，心情就会变得厌烦。

即使已经与部下建立了信赖关系，但若经历了一次愤怒的斥责，其关系就会动摇，反复经历两三次的话，信赖关系就会毁掉。

那么，怎么办才好呢？

首先说一句肯定对方的话

从“否定”的反义词，即“肯定”来展开谈话。

因为虽然生气意味着“这家伙不行”“是令人为难的对手”，但其本身也包含着“想采取××办法”“情况会变好”的想法。

如果面对的是“不值得生气”的对手，那就意味着连气都不想生了。

也就是说，正因为承认对方的存在，对对方怀有关心，才会生气。如果是这样，那么在表达方式上，从“在言语上肯定对方”开始，会如何呢？

例如，对前面所提到的那个“除了被交代的事情之外什么都不想做的老职员”，该怎么表现生气呢？

“因为你能够认真完成所交办的事情，所以，帮了我大忙。”可以首先从这样一句肯定对方的话开始进入主题。

如果只提对方“只做交给的工作”这一点，那么双方都会尴尬；而如果先说“你能做好被交代的事情”这句话，就可以在肯定对方的方向上展开谈话内容。

考虑到这个社会有人连被交代的事情都难以完成，因此，说“你帮了我大忙”这句话，也算不上是恭维。

在说完这句话之后，可以这样继续谈话内容：

“你也是有十年资历的职员了。如果以职业棒球选手做比喻的话，那你就已经可以说是自由球员了。”

“您想说什么呢？”

“我想说的是，这样下去是否合适？如果其他部门能对你鼓励说‘到我们部门来吧’，你会怎么想呢？坦率地说，现在的你，作为有十年资历的员工，是有所欠缺的。我也时常会对你感到不满意。你今后想怎么做呢？”

首先对对方加以肯定；然后在此基础上，坦率地指出对其不足的不满；最后，让对方自己思考想怎么做、想变成什么样。

最初是接受对方，用言语表达对对方的肯定，以此来让对方打下接受己方生气信息的心理基础。同时，生气的一方因此也能够预先对自己的暴怒情绪加以控制。这是对双方都有利的一种生气方法。

下面是关于某企业部长的话题。

此人被公认为是一旦生气就会很可怕的人。被部长叫到跟前的部下很紧张，不知道部长要说什么。

部下笔直地站在部长的桌子前，问道：“您找我吗？”

部长拉了把椅子，说道：“啊，请坐。”

接着他说道：“上次那个展览会，你很努力。辛苦了！”

一听到部长肯定了自己的努力，部下变得轻松起来，并产生了“只要是关注着自己的部长所说的话，无论什么我都会去听”的心理。当部下进入这样一种心理状态之后，部长以严厉的口吻向部下传达了生气的信息：“但是，你在本次项目的销售额方面拖了后腿，这是个大问题。我心里很不痛快。这次项目的大体目标是……”

部下返回自己的座位后，心想：“是啊，必须进一步振作精神努力了！”于是展现出要集中精力做事情的样子。

部长所采用的生气方法的要点如下：

① 生气的时候当真生气。

② 不以勃然大怒的方式生气。

③ 能够控制自己的感情。

④ 最初要宽慰对方，并表示理解。

⑤ 平日便努力争取对方的信赖。

正因为①“生气的时候当真生气”，所以，对②以下的生气方法，也能够恰当地做到。

说出“我是这样感觉的”

所谓“生气的时候”，就是产生要生气的感觉的时候。

“现在的方法有问题。”

“必须改变。”

“不能沉默。”

即涌起上述强烈情感的时候，人会“采取生气的行动”。

当感觉现状不正常、认为不能容忍对方的态度时，人的语气会在不知不觉间变得强硬，当传达己方的“生气”时，对方也会以“生气”来应对，结果，演变成争吵的情况并不少见。

这里的问题在于，生气有时会演变为对对方的非难或强词夺理。

● “你是个完全靠不住的人。我看错人了！”

上面的这个表现，并非在表达生气的情感，而是做出对方“靠不住”的判断，单方面地断定“看错人了”。

例如，交往中的女友，在约会的前一天取消了约会：“明天我有别的事，去不了了，对不起。”

以前也曾经有过一次类似的情况，那时男方进行了妥协：“知道了。那改天吧。”然而当约会再次被取消时，男方生气的情感上涌，不由得对女方说出：“你是个完全靠不住的人。我看错人了。”接着他说：“上一次也是这样。这已经是第二次了。”

他也许是无法忍住怒气，以高傲的语调对女友进行了责备，甚至要说出诸如“不再和你交往了”的话来——连他自己都对此感到惊讶。

他想和她交往，想和她见面，也想在跟她见面时说许多话。本应该为与她交往而开心，结果却终止了交往。

实际上对他来说，“与她分手”这样的事情是无法想象的。

如果对女友的热情已经冷却，关心也已经消失了的话，就会连生气都不会发生吧？那就会说声“是啊，算了吧”，从而结束感情。正因为不是这样，所以才会勃然大怒的。

“她为什么把和我的约会推迟，而接受新的计划呢？或许是因为对我的关心变淡了吧？”

在他生气的情感背后，隐藏着上述的“不安”。若意识到在生气的情感之中包含着这种不安，可以尝试着说出来。

“我感到不安。你是不是不在意我了？”

生气并不是大发雷霆地责怪对方，而是要将隐藏在生气之下的自己的真实心情，传达给对方。

如果能将“自己是如何感觉的”传达给对方，对方也会像下文这样真诚地应对吧——

“我一点儿都没变。明天是部长命令我出差，回来得会比较晚。实在对不起。我也想和你见面，如果即使晚一点儿约会也没关系的话，我就飞过去了。”

生气的技巧中最难的地方是：将隐藏在生气之下的自己的心情坦率地传达给对方。

表达“生气”的关键在于，将自己的真实感受传达给对方，同时，必须注意不要在自己的话中加入“判断”“强词夺理”“非难”的言辞。“你是个完全靠不住的人”这样的表达，是在有“你都失约两次了”“重要的会议都迟到了”这样的事实，然后跺着脚质问对方“你到底是怎么想的”之后脱口而出的语言，是以对对方的指责为中心的。在这里，下面两点很关键：

① 首先呼一口气，让心情平静下来。

② 然后，将“我生气了”这句话慢慢地、明确地说出来。

将这句话说出来，第一，自己会平静下来。看似是在向对方说，实际上是在说给自己听。

“平静，平静。”

说出这句话后，即使没有效果，通过用语言说出现在的自己在生气这一方式，也会让自己思考下一步该怎么做。

第二，起到防止过度生气的作用。

“我在生气。”

真真正正感到生气的是我。

“是我在生气。”

“是我在发火。”

归根结底是我有了这样的感觉，这里的关键是不能非难对方。再次强调，是“我在生气”。

“部长太过分了。认为我什么都不知道，把我当傻瓜。”

上面这样的表达，是对未与自己商量就制订计划的上司的强烈非难，是单方面地断定其“太过分”。这样下去的话，非难会不断升级。

在这里，要明确地说：

“我在生气。”

对自己在生气的自我感知，会阻止对对方的进一步谩骂。

下面讲的是负责指导两名新职员的S君的事情。

工作热心、精力充足的S君——

“好啊！加油！”

光顾着鼓足干劲儿了，但是，干劲儿却过足了。

S君不断地引导着新职员工作：当感觉新职员没有精神时，就会打招呼跟新职员说话；发现其优点时就会提出表扬；还会为了消除新职员的生疏感，利用午休时间与新职员谈笑。

但是，结果并不令人满意。新职员并没有记住S君所教的事情，到了午休时间，新职员还是会迅速跑到同期进入公司的伙伴那里玩耍。S君渐渐生起气来。

终于在某天早上，S君发起脾气来：

“到底还想不想干了？”

“已经跟你们说过多次了，该明白了吧？早上来了，要精神饱满地打招呼。”

S君在大声斥责的时候，突然这样想：“我拼命努力去教，但他们到底是怎么想的呢？”

“我在生气啊，这样对吗？”试着开口说出这样的话给自己听，让自己意识到，自己正在因为新职员没有按照自己所教的那样去做而不满、生气。

“不应该这么斥责他们，但如果是自己在传授方法上存在问题的话……”S君并没有进一步责怪他们，而是尝试着对他们说：

“我确实因不满意你们的态度而生着气，但你们也许是不喜欢我的传授方法。实际上，我自己也在担心。”

第三，“我在生气”这句话，也是在督促对方反省。

用明确的语言告知“我在生气”之后，对方了解到“这个人在生气”，便也会认真地反省自己是不是也有错误。

被S君告知“我感到生气，同时，我也在想是不是自己的传授方法有问题”之后，新职员也许会敞开心扉说出自己的心情：“对不起。其实我们跟不上S君的教授方法，但又难以说出口，所以总是回避S君。”

当有关客户的工作未能如预料的那样完成，人会变得相当愤怒：

“我很生气。由于你们公司未能按照约定完成工作，今后的目标无法实现了。”

对方回答道：

“真是对不起。今天负责此项目的职员突然因急病而请假了。其实我正要与您联系呢。给您添麻烦了，真的很抱歉。如果想办法补救的话，交货时间方面，最大限度能允许延迟到什么时候呢？”

“已经与对方联系了，如果今天不能完成的话，后果会很严重。”

“那我们尽最大努力试试。”

对方在反省自己的态度后，也做出了让步，使得双方的谈话向解决问题的方向靠拢。

以上关于“如何表现生气”的内容，就以下三点进行了阐述：

- 不要突然否定
- 先说一句肯定对方的话
- 说出“我是这样感觉的”

表现生气，与感性地说话不同，与忍耐不生气也不同。为了让对方易于接受自己的生气而下功夫，很关键。

（3）以正常的声音慢慢地说

用声音可以调节心情

生气时，人会在不知不觉间抬高声调，不常生气的人甚至会发出刺耳的声音。

作为原则，应该始终认识到要保持“正常的声音”。

“声音”在调节自己的心情方面，是非常重要的因素。

你会注意到，在大发雷霆时，自己的声音“要比平时大”。

过去人们用“火药丸爆裂”来形容脾气爆发，这里的“爆裂”和“爆发”都伴随着强烈的能量，声音当然会一下子变大。而当声音变大时，自己听到该声音而变得兴奋，声音会变得更大。即，人有时会被自己发出的声音所刺激，逐渐升级，以至达到肆意做出以下行为的程度：

- 大声地申斥
- 歇斯底里地大叫

最好在未达到这个程度之前，在发出第一个声音之后，喘一口气儿，将下一个声音降低一级。

在众人面前讲话时，如果你感觉到自己的声音发颤，可以先喘一口气，将声音的高度降低，心情也会随之平静下来。

声音是能够调节心情的。

声音小的人应该懂得的事情

无论是男还是女，今天，说话声音小的人越来越多。我作为口才讲师，想到了很多事情。

当今这个时代，是即使在单位也需要通过电子邮件跟相邻的人交谈的时代。那种对隔着一段距离的同事大声打招呼的场景，早已是过去的事情了。

现在的办公室大多寂静无声，如果你大声说话，旁人就会露出觉得你太吵的表情。

在这样的环境下，如果你大声喊叫，别人就会以责备的眼光看着你，好像在说："怎么回事？"

所以，必须以正常的声音来平静地叙述，以传递"生气"。

另一方面，在众人面前演讲时或要向对方传达你的不满时，如果你的声音不够洪亮，只有自己能听见，不仅不能将意图传达给对方，反而会被对方训斥——“你到底想说什么啊”，结果变得畏缩胆怯。接着再讲话时，很多人就会开始语无伦次，失去了自己应有的步调。

即使是“生气”的场合，也要确保你的声音能够被对方听到，确保你的意图能传达给对方。

大声生气会引起对方的反抗，但声音过小的话，又显得你很没自信，不具有打动他人的力量。

声音微弱的人，可以进行发声练习。练习内容非常简单：

“把手放在腹部，慢慢吐气，将气全部吐出。肚子凹下后，再用鼻子吸满空气。”

反复做十次。

- 一天一回
- 一回一分钟

坚持进行上述的“腹式呼吸”练习。持续练习三个月后，发出声音时，空气会同时从腹部出来，成为“复式呼吸”。这时就能够发出清晰的、有回声的声音了。

发出声音时，另一个关键是姿势。

- 背部挺直

- 双腿自然站立
- 端正头部，目视对方

以自然姿势站立。姿势不好时，呼吸会受到压迫，变得难以发声。

另外，通过保持自然姿势，心情也会平静下来，和人交谈时感觉更舒畅，让你感受到自信。

生气的时候，视线不要避开对方，但也没必要一直盯着对方。紧张时，则会不由自主地逃避对方的视线。不管是哪种逃避，你都会被对方视为“没有自信的人”，同时，你自己也会变得慌张，难以镇定下来。

- 目视对方时，要平静地看着对方的眼睛周围
- 不要瞪视对方
- 起初直视对方，过了三秒之后，可以慢慢地将视线转移到周围
- 如果不习惯以上三种做法，就容易将意识光集中于“被对方看着”这件事上。之后，你会慢慢地产生观察对方的想法

将关键事情传达给对方时，不要忘记看着对方说话。

如果能够看着对方慢慢地说话，你的心情自然而然也会传达给对方。

（4）试着将生气时的心情写到纸上

在传达“生气”时，怎样才能做到在不让情绪爆发的情况下，良好地

完成传达呢？由此产生了“生气的技巧”。将生气时的心情写到纸上，正是该技巧之一。即，当你感到生气时，

- 把心情写到纸上
- 把生气变成文字，加以记录

学生时代，我曾得到一个诊所医生的帮助，做了工读学生。

那个时候的我，性急又胆小，一点儿小事也会让我生气，既烦躁不安，又无法向别人倾诉，只能苦闷烦恼，或在无法忍受时大声发泄。

尽管如此，我还是想办法撑过了那段日子，当时就是靠写日记。

在大学笔记上，我记下了自己每天的烦躁情绪及其起因、让我感到生气的对手，等等。每天晚上我写完日记之后才会睡觉，这样做就好像通过书写倾吐了自己的心声。写完之后，心里的疙瘩也消失了，就能好好地睡觉了。

现在想来，我那时就是在用日记发泄自己的焦躁。

我在日记上写道：“对A君不满。他没与我商量，就将自己决定的事情强加给我。明天得下决心和他吵一架。而且，他还经常不守约定，是个不像话的家伙。真想揍他一顿。”但到了第二天，我和A君见面的时候，日记中所写的那种强烈的愤怒已经消失，我只是以开玩笑的口吻做了开场白：“你让我感到生气啊。”

“你委托给我的干事一职，我拒绝。现在我的老师（医生）很忙，我也没时间。”

就这样，很容易地拒绝了他。

如果事前我没有把心情写到日记上，我可能就会对A君“爆开火药丸”（暴发脾气）：“你太过分了。你没与我商量就自行决定委派我干事一职，我绝对不接受。这不是开玩笑。你自己去做不也行吗？”而无论采取哪一种方法，击败A君或是不吱声、怄着气，都不属于正确的生气方法。

把心情写到纸上的两个好处

一个好处是，可以发泄感情，使心情变好。与其持续焦躁、不爽的心情，表现出不高兴，向无关的人乱发脾气，不如通过书写来倾吐怒气，而且不会给周围的人带来麻烦。

并且，通过书写，可以在倾吐一肚子怨气的同时，进行种种思考，从而弄清自己生气的内容。

也就是说，第二个好处是，“能够整理生气的内容”。

自己一个人来承担“不称心”“令人生气”“火冒三丈”等情绪的话，头脑会变得混乱，进而无法弄清自己生气的根源。

而且，生气的情感只会在内心中纠缠不清，眼睛却不可见。

而将其写出来变成文字，内容被可视化后，事情就变得容易把握了。同时，可得出诸如“这样啊，是因为这个事情才生气的”“原来如此，生气是因为感到自己被无视啊”之类的结论，使自己的心情也得到整理。

通过尝试将生气写出来，可做到以下两点：

① 不良情绪得到发泄。

② 心绪得到整理。

所以，如果能在“发火”之前“将生气写出来”，那么在传达生气时，就可以毫不混乱地、有顺序地将心意讲出来。这样做的意义非常大。

怎样写能看得清自己的心情？

因为只是要写出在什么时候、针对什么感到生气，所以并不需要复杂的格式；只要能在纸上将下面三点写出来就可以——

① 自己对什么感到生气。

② 生气针对的是谁？是上司还是后辈职员？

③ 是什么程度的生气？

下面举一个事例进行说明。

上司说：

“你这样可不行啊，有一处数字漏掉了。这是我注意到了的。这是要递交给上级的材料，如果不能认真确认的话就会惹大麻烦。”

然后，上司将I君所提交的材料退了回来。

I君虽然工作速度快，但是有不注意细节的毛病。他自己也注意到了这一点，所以，仅有一处数字填写出现遗漏。虽然如此，上司还是将资料退了回来，I君内心不满。

于是，I君无意中以不耐烦的口气回答道："知道了。"上司进而以强硬的口气继续强调："就是因为你不知道，所以我才说的。"

I君虽然道歉说"对不起"，但其内心并未释然，怒气开始无休无止地涌动。这样下去的话，不知道什么时候就会怒气爆发，与上司进行争辩。

这时，可以将心情写到纸上：

关于①，可以列举出以下内容：

"资料被退回。"

"被以强硬的口气责备说'就是因为你不知道，所以才说的'。"

"感觉到自己对细节不注意。"

关于②：

第一，上司。仅错了一处就进行批评，对这样的上司感到不满。

第二，对不仅工作效率高，还能不出现漏洞的后辈C君感到不喜欢。

第三，其实，真实的情况是，对不能注意细节的自己感到生气。

关于③：

"无休无止地焦躁的程度。但是，如果再次被上司指出细节之处，就有爆发的可能。"

按照以上格式写到纸上，就既能看到自己的心情，又能就生气的内容进行分析了。也因此就能够把握生气的尺度，并在怒气还没有膨胀的时候，像下面这样传达你的生气：

"实际上我也很在意自己不注意细节的这个毛病……所以，当你指出来之后，我变得很不安、很焦躁。”

需要补充说明的是，如果感觉到生气，就尽快地写出来为好。也可以在“当时”进行记录，过后进行补充。

近来，在书写方面变得懒散的人多了起来。当时感到生气却没有写下来，过了几天之后，你可能会想不起来当时的感觉。

所以，要养成“一感觉到生气就马上记录到纸上”的习惯。

我一直都是把心情记录到笔记本上的。因为留下了记录，所以，日后回过头来阅读日记时，脑子里就会浮现出当时的情景，这对自己是个劝诫；同时，也可以对生气的对象进行重新认识。

（5）即使生气也绝不能说的一句话

致命的一句话

无论怎么震怒，也一定要在内心的一隅，保留下始终注视着“血气上涌的自己”的另一个自己。因为如果不这样，而是突发性地生气，就可能无法避免说出“绝不能说的一句话”。

眼看着约定的时间要过了，营业部的女职员才赶过来，一句“迟到了，对不起”之类的话也没说，就要开始谈事情。也许是仗着自己身材高大吧，其态度让人感觉有点目中无人。我一下子火了起来。

“你连一句道歉的话都不说啊？”

“你这样说的意思是？”

“你态度这么强硬，是因为自己长得壮吧？”

可能是这句话刺痛了对方，之后双方的商谈变得很艰难，最终也未能达成一致。

也许这算不上致命的一句话，但在大发雷霆时，就女性的身材说出令人讨厌的话来，就是个错误。

- 不能单凭初次见面的印象片面地断定对方不好
- 对“突然说出令人厌烦的话”这一行为，要慎重

一位40多岁的男子将上述内容作为失败的经验讲给我听，并征求我的意见。如果是我，我会这样做：

当那位女性说出“免去客套，直接谈事情吧……”时，我会劝对方：“你来得很急吧，先喝口茶怎么样？”

马上到约定时间才赶过来的她，出于愧疚心理，可能会想“马上进入谈事情”，也就是说，可能会很焦急。

“先喘口气吧。”

当己方显出“有充足的时间”的态度时，“谢谢。”对方会由此放下心来。

这就是我给这位男子的建议。但实际上，我至今仍然无法忘记，我自己也曾经说出过致命的、蛮不讲理的话——

打工的学生们傍晚一起回来，需要进行报告，大家会到窗口排队。当时我正负责受理学生报告的工作，这件事就发生在那个时候。

因为学生是一起回来的，所以窗口一下子就被排队的学生占满了。我们也一点都不想让疲惫的学生久等，快速地处理着工作。但那天特别拥挤，排队的学生有十来个。我看到在队伍后面有一名学生摇晃着身体，显出一副焦急的样子。同时，他也看到我在看他，就对着我喊道："干吗那么慢慢腾腾的？快点儿干啊！"

这句话刺激了正在拼命工作的我的心情："你说什么！"我的强烈怒气一下子被挑了起来。

这时，在我头脑中闪现的是他那像螳螂一样瘦瘦的身材。

"讨厌！你这个螳螂一样的家伙！"

这句话正是"绝不能说的一句话"。那个学生立刻变了脸色，一下子跳了过来。

就在我和他差点儿扭打起来的时候，上司赶过来进行了调解，最终没能打起来。但在离开的那一瞬间，他怒视着我说道："我这辈子都不会忘记你！"

从那以后，他再也没出现过。也许是他实在难以忍受吧——因为那不分场合的一句话，我深深地伤了他的心。

别人"瘦"也好，"壮"也好，嘲笑别人的身形，是无论多么生气都"不能说"的内容。

所谓“触及逆鳞”的一句话

通俗地讲，就是这样一句话——如果说了这句话，一切都会彻底结束，无法挽回。

所谓“逆鳞”，指在龙的喉咙的下部逆着生长的鳞。如果谁触碰了逆鳞，龙就会感到疼痛，会因为被激怒而杀人。从这个故事来看，说了让“（比自己地位高的）人所不能接受”的话语，就被称为“触及逆鳞的话”。

对对方“在意的弱点”“重视的人”“引以为豪的事情”等，都绝不能指责、谩骂。

三木清所著的《人生论笔记》（我在前文中提到过）中曾这样写道：

“人在感到被轻视时最容易生气，所以，有自信的人不太生气。”

确实如此。但是在这个社会上，“有自信的人”能有多少呢？大多是“仿佛有自信者”，一点小事就能动摇其自信心，眼看着就会生起气来。

某位科长带着讽刺的意味轻轻地对充满自信的部长说：“部长好像很欣赏大学教授啊。”

“少说讽刺的话！”部长留下这句话之后，离席而去。

部长平日动不动就会说“××大学教授是这么讲的……”“据社会心理学的权威B教授称……”，引用大学教授的讲话来证明自己的主张。科长为此事所刺激，不知不觉间就想讽刺一下部长。

在三个月后的人事变动中，科长被“发配”到分店。据说，他对与其亲近的人说出了心里话：“想来，在我内心中，存在着对大学教授的自卑感啊！”

“绝交”这个词成为废词的背景

以前，在和朋友吵架时，经常会说“我要和你绝交”这样的话。

所谓绝交，其内容如文字显示的那样，就是“断绝交往”的意思。尽管如此，这个词还包含着现在的人可能难以理解的“想言归于好”的微妙语气。而且，吵架之后的言归于好，会比之前的相互关系加深一步。

近来，已经再也听不到“绝交”这个词了，也许是因生气而与对方吵架的行为本身减少了的缘故吧。

吵架以至于达到说“绝交”的程度，却仍然留有言归于好的余地，这就是该词含义深奥之处吧？现代人“生气”或“吵架”之后，感情会破裂，无法进行“重归于好”式的交流。

前几天，我在新闻中看到这样的报道：“吵架的夫妇比不吵架的夫妇离婚率低。”吵架后再重归于好，加深了两人的关系。而没有这样经历的夫妇，在某一时刻却会一下子离婚。“不习惯发怒”的二人，如果开口说出了“触及逆鳞的话语”，就会出现这样的结果吧。

虽然“绝交”，却又包含着言归于好的可能的交流方式，就是“生气”这种方式。

惹得客户生气，被客户说“再也不要来了”。

即使是在这样的场合，也包含着两种可能：一种可能是断绝此后的一切关系，即“绝缘”；另一种可能是，暂时断绝往来，后续发展视情况而定。

在第一种情况下，已经无法恢复关系。生气发怒的人在说这话时就有了出现这样的结果的觉悟，产生这样的结果时，就不再属于“生气”，而是属于“绝缘”的宣言了。

“生气”是以修复和改善关系为目的的交流。

“绝交”这个词成为废词，可以说是因为“害怕生气”的人在增加吧？

必须注意，即使是生气，也不能触及“逆鳞”，因为如果触及了“逆鳞”，人际关系就会彻底结束。

第四章

生气之后的收尾方法

▼ 本章要点——不能生完气就不管了【收尾的十个原则】

① 善于收尾的人，其生气方法也高明。

② 即使进展顺利，也不疏忽大意。

③ 如果达到了目的，就要说声“谢谢”。

④ 如果说了一次不回应，就说第二次、第三次。

⑤ 对做出满不在乎的表情的对方，要确认其已经真正理解了你的目的。

⑥ 对那种笑着敷衍的人，要认真与其交谈。

⑦ 不要强迫对方立刻解决，要给对方思考的时间。

⑧ 注意饮酒时不要生气过火。

⑨ 当知道生了不该生的气时，要坦率道歉。

⑩ 生完气后要干脆利落地处理，使双方心无芥蒂。

1. 因收尾的方法不同，人际关系也会变得不同

不生气的最大理由，是不知道生气之后如何面对

难以忍受同事的态度，想生气。但是又不能生气，因为不知道生气过后该怎么办。

情形一：当向对方忠告说“真让我难办啊，我已经告诉过你不要不说！”时，如果对方能坦率地接受说“是我不好，当时着急了，以后会注意”还好，如果对方什么都不说，你光对自己怄气的话，就会出现冷场的局面。这种气氛难以处理，让人进退维谷。

情形二：对方进行顶撞。

“我想说来着，但你没在啊！”

“过后也没报告啊，我不想听你那漏洞百出的辩解。”

相互瞪着，注意到周围的人在看着时，就扭过头去。之后，两人一直

僵持下去，始终是不融洽的状态。

生气刚结束时，情绪激动，并没有闲暇去考虑如何面对冷场或不融洽、下一步该怎么办之类的事情。很多人就是因为在生气之前对这样的结果进行了预想，所以就不去生气了。下面我们来思考一下如何进行生气之后的收尾。

对生气的对象说“谢谢”

理解了对方为什么生自己的气之后，说声：

“我明白了。给你添麻烦了。以后一定改正。”

- 道歉
- 按照说的那样去做

当生气的对象一方做出了上述表态时，生气的一方就会想说声“谢谢”：

“你能明白我的想法，真是谢谢。”

生气的目的的达成，也是对方能够对生气这种交流方式给予合作的结果。

对于生气这种交流方式，如果生气的对象一方不去努力“接受和理解”，那么，生气的一方无论技巧如何高明，也会无果而终。

正因为大多数“生气”事件之后的情况并不顺利，所以，对方的一句“明白了”，直接会让你产生“生气是对的”的想法。这样一来，下次万一生气时，你会以更积极的态度想办法让对方更容易接受自己的主张。正因为这样，所以说“谢谢”是必不可少的一句话。

确认希望对方怎么做

同事随意地将活儿交给现场部门去做，却不通过作为负责人的我，结果现场部门的同事纷纷向我投诉，我不得不去处理该事情。这不仅浪费了时间，而且来自现场部门的投诉有时还会被传到上司那里。

上司问我：“你到底是怎么搞的？”这样，我又被上司盯上了。

说起这个同事，他是个无论什么事都爱出风头、不事先说好就擅自行动的“为所欲为的人”，而且他本人对爱出风头一事也没半点自觉。

在这之前，他也曾随意地让现场部门做事，我虽然对他进行了警告，可这次他又这样做。我再也无法忍耐，就发火了。但是，他不仅没有认识到自己的错误，反而对我进行了顶撞。

那么，我该怎样进行收尾呢？

已经警告过，今天还是发生了同样的事情。

“怎么做你才能不重复同样的错误呢？”让对方思考，并讲出你自己的意见。

可以分阶段地达成共识：

①为了让自己心情平静下来，同时也为了向对方传达自己生气一事，可以慢慢地讲出：“我在生气。”

② 要求对方在与现场部门联系时必须事先通知我，即使我不在，也

要打手机进行通知。

③ 对随意联系现场部门会给自己带来多大麻烦一事进行说明。

④ 向对方明确指出：在单位，你我各自都有自己所分担的职责。“工作的事情要通过相关的负责人”，这已经成为一种规矩，如果不严守规矩，就会造成工作的混乱，就需要花费多余的工夫。

这时，也要考虑到对方那种爱出风头的性格。正因为此，才要一丝不苟地做好上述四点收尾工作。

也许有人会认为：“没必要做到这程度吧？”实际上，由于对象的不同，有时如果不做到这种程度的收尾，对方就有可能再次重复同样的错误。

经常会听到诸如“还是那个家伙啊？到底是怎么回事啊？”这样的责备声，收尾没做好也是其原因之一。

另外，收尾本身必须根据对象的不同而考虑具体的方法。也就是说：

- 平时就好好观察对方，把握其性格、行动倾向
- 生气之后，喘一口气儿，回想一下平时对方的情况，在收尾的方法上下功夫

2. 生气也无法沟通时

如果对方满不在乎，你怎么办?

明确指示部下联系代理店，但不要用电子邮件，而是要直接打电话过去。

“怎样了，你联系了吗？”

“嗯，已经联系完了。”

“哦，那对方怎么说的？对方的反应是？”

“还没有回复我的邮件。”

“稍停一下。我不是告诉你要通过电话联系吗？”

虽然我以严厉的语气说了部下，但部下说：

“对不起。我觉得还是邮件快一些。”

不仅没有一点反省，反而以满不在乎的表情回复了我。

我想："这真是个无可救药的家伙啊。"但也可能是他"把我当傻子了吧"，这样一想，强烈的怒气突然涌了上来，于是我对部下喊道：

"不要假装不知道！我已经强调到了口干舌燥的程度，你能没听见？"

部下对"为什么我那样生气"，做出了不理解的表情。

虽然我是对"部下未能按照我吩咐的那样去做"感到生气，但是他一点也没在意，大多数情况下就是因为他不明白我为何对他生气。

这里，可以让对方思考一下目的：

"你考虑过咱们是为了什么联系代理店吗？"

"为了通知下次会议的时间。"

"单单是为了这个吗？"

"暂时是这个内容吧？"

这个部下将联络代理店理解为"单单处理事情"，而如果只是处理事情的话，还是发邮件能最快完成此事。

对于"姑且处理事情类型"的部下，必须让其考虑工作的目的。联系事情的同时，顺便了解代理店店长的近况等信息，也是目的之一。作为已经工作三年的职员，上司当然希望其能有这样的思考能力。

如果把这次事情当作教给部下这种能力的机会，就不应该大声责备，而是要将"教"本身作为收尾的中心。

对做出"不在意表情"的对方，如何进行收尾？

第二，有的部下本来很在意上司生气的事情，但是，又觉得一直流露不高兴的表情不好，就故意摆出“不在意的样子”。

例如下面这个例子。

那是我第一次有了部下的时候的事情。因听说客户除了采购我公司的商品，同时还在考虑从B公司采购商品，部下就开始在客户面前说起B公司的坏话来。

从客户那里回来之后，我对部下相当生气，说：“你在说什么啊！”

部下老老实实地道了歉：“对不起，不知不觉就说了不该说的话。”

但是第二天，部下就像什么都没发生似的跟我打招呼：“你早。”

因为他表现得太悠闲了，所以我真不知道他到底是否听明白了我昨天生气的意图。尽管如此，我又不好意思就同一件事情反复生气，也就没有去问他“是否真的明白了”。

到底是怎么回事呢？我很苦恼。

某位上司曾问部下说：

“我担心昨天我生气的事情你是否真的理解了？因为你摆出了一副什么都没发生的表情。”

部下感到很吃惊，说：

“您批评说不该在客户面前说竞争对手的坏话一事，我完全理解了。我正在反省自己，决不犯第二次这样的错误。”

然后，他又补充说道：

“以前您曾教过我们，为了不把‘不高兴’带到以后，在被批评的第二天，要很阳光地跟人打招呼说‘早上好’，所以我才那样的。”

上司由此知道了部下是有意摆出“不在意的样子”，觉得问一下部下还是对的，然后他向部下建议道：

“原来如此，明白了。那么，以后在上司对你生气的第二天，除了阳光地跟上司打招呼之外，同时说声‘我在反省昨天的事情’，那样就更好了。”

这种收尾就是向对方提出建议。

笑着进行敷衍的类型

第三，为了保护自己，几乎无意识地对对方生气的语言“左耳进右耳出”。

屡次被严厉的语言责备或被大声斥责，人心当然会被伤害。在这里，人就会分化为两种：

一种是，即使受到责备、被语言所伤害，也会将此视为推动自己进步的契机，从而努力前进的人。

作家井上厦先生小的时候，母亲曾对他说过：“本没打算生男孩。”作家由此受到打击，但这成为他重新思考的契机，他的新想法是：“我要让母亲觉得生男孩是对的！”（小川雅子《孩子们的语言环境》，溪水社）

另一种是，面临接二连三的责备以及讽刺的语言时，为了保护自己，左耳进右耳出，即使别人对他生气，他也会“做出满不在意的样子”，但内心却生出强烈反抗心思的人。这种心思被封闭在内心深处，外表上却并不显露出来，以此来实现自我防卫。

对这种类型的收尾，如果采取再三生气的方式，就会起到相反的作用。

首先，在平时注意观察对方，了解对方在成为别人生气对象时或失败时会有什么样的反应。

其次，如果判明对方是这种类型的人，在交往方式上就要慎重。

“强词夺理”会很危险。

即使通过日常观察，判断出“他是个只做被吩咐的事情的人”，但如果不考虑其“为什么会变成这样”，只是认为“如果反复说几次他就会明白”，从而单纯地重复同样的话，这类人也完全不会改变。被生气的对象会认为“对方只是爱唠叨而已”，因而对生气的一方的反感会不断增加。没完没了地说（以这种方式生气），并不会起到收尾的作用。

当上司对这一类型的部下生气时，有的部下会笑着进行敷衍。这样一来，上司就会真正地生起气来：“你总是这样笑着进行搪塞。我最反感你这样的态度了。”

在这种场合，他为什么会“笑着敷衍”呢？——如果不对此进行思考、想象的话，就无法进行合适的收尾。

一位该种类型的部下曾说过这样一句话：

“一年到头被指责，如果不笑着敷衍的话，就坚持不下来了。”

也就是说，“笑着敷衍”是其为忍耐严厉的批评所采取的个性化的应对方法。

对于这样的人，必须采取类似于“我们一起来思考”这样的提案型谈话方式。虽然这需要时间，但是，你若持续显示出“不是指责而是要一起思考”的态度的话，对方就会敞开心扉，这比什么都重要。

3. 留出时间进行思考

不要仅限于单方面的通知

围绕着“生气”所产生的一个问题是，无论是生气的一方，还是作为生气对象的一方，都变得情绪化，在当时很难做出冷静的判断。

作为生气对象的一方即便做出了“我明白了”“对不起”这样的回答，那也可能只是搪塞之词，其并未认真思考自己明白了什么、问题出在哪里，他只是为了暂时平息当时的情况才那么说的。

而作为生气的一方，与其声嘶力竭地大喊，不如思考一下怎样改进传达方法。

上级对下级，有着动不动就毫不在意地批评过火的倾向。

前几日，报纸上刊载了这样一件事情。

这是关于一位在大广告公司工作的30岁左右的女士的报道。

该女士在该公司从事了八年左右的营业工作，在她本人开始考虑调换工作的时候，公司进行了人事调整，将她调转到“监察室”。

关于调转的去向，她本人曾向上司表示过想去“宣传部门”。她认为：监察工作并不适合自己，这并不是自己想干的工作。

虽然表达了拒绝意图，但她最终还是不得不服从公司的指令。

勉强调转过去，干了三个月。因既缺乏法律方面的知识，又缺乏工作热情，没办法，她只能对付干好被交办的工作，但无法真正投入进去。

虽然如此，她也开始渐渐熟悉了工作，也开始有了干下去的想法，但这时，她却突然因工作上忽略了一组数字而被上司批评。

“真是无法想象的错误。就因为你没把监察工作当回事，才会出现这样的错误。”

面对上司这充满强烈怒气的训斥语言，她一下子火冒三丈。

虽然向上司说了“对不起”，但是，从其表情来看，一点没有道歉的样子。

虽然她克制着没有说出“好吧，那你让我辞职吧”之类的话，但其内心已经产生了“要不要辞职”的想法。

也许是注意到了她的表情，上司说：“考虑一下吧，总之以后不要再犯同样的错误。”

上司的这句“考虑一下吧”，可以算作生气之后的收尾吗？

正好赶上周末三连休，再加上带薪休假两天，她利用这五天的时间出去旅行了。经历了离开日常工作的日子，回来之后，辞职的想法已经没了。

因为她觉得自己碰到上司发火，为了泄愤而辞职的行为很幼稚。

常言道，“时间可以解决问题”。这并不单单指要留出一段时间，而是指时间会给人思考的机会，让人想到解决方法。

逼迫对方当时解决问题的人

部下从客户那里回来，报告说：

“事情没成。”

“说了为什么没成吗？”

“对方没有说更多的内容。”

“你到底在做什么？连为什么没成的理由也没问就回来了。”

“对不起。”

“说来说去还是你不行啊。”

妻子生着丈夫的气，说：

“你上次也没告诉我。为什么？详细地说出来。”

妻子抓住过去的事情不放，责问着“为什么”“怎么回事”。

“行了吧，我累着呢。那些事，以后再说吧。”

当丈夫说“有时间再说”时，妻子继续追问：“每次问你，你都马上逃避。”

也许因为是自己人，妻子毫不客气地进行了逼问。

但是，即使丈夫马上回答，妻子还是会生气。而面对妻子生气，丈夫已经没有时间去考虑理由了吧？

如果不是马上，而是过后，或者，不是今天，而是明天，即预留一定的时间进行思考，那么就可以思考问题出现在哪里、怎么办为好、今后怎么样改正，等等。

生气之后，“预留时间进行思考”是收尾的关键要点。

如果作为生气对象的一方提出“请给我时间”，生气的一方不应催逼着说“你又想逃啊”，而是应该这样应对——“那明天再谈吧。”

另外，当就单位工作上的事情提出建议时，应该将焦点集中于工作之上，就事论事，将工作与人区分开来。

即使是在客户说“不行”的场合，也应该围绕着“己方的提案到底哪里存在问题”来展开交谈，而那种责备具体办事人员说“所以还是你本人不行”的做法是错误的。关键在于，要围绕提案，给出时间来让其思考自己所存在的问题。

4. 错误生气时的收尾方法

喝酒时注意不要生气过火

所谓生气，正是因为你觉得自己正确，才会向你认为有错的对方发出生气的信息："你的做法不对。"

这时，觉得"自己正确"的这个前提条件，会让你变得骄傲自满起来，注意力一分散，也就容易犯说得过火的错误。特别是喝了酒之后，酒劲儿一上来，这就是个危险信号。这种情况下，以下三个因素交织在一起：

① 自大地认为自己正确。

② 生气的情感燃烧起来。

③ 酒劲儿加速了②。

在前辈A君的送行会上，明确了A君要被派往子公司负责重组工作。B君对此感到很不满，认为这不合理。

酒劲儿很快就上来了，B君拽住身边的科长，大发雷霆地争辩道："为什么是A君？我不能接受。"

科长带着不快的表情回答道："这是决定了的事情。不是谁怎么样的问题。"B君心里虽然知道科长已经觉得自己醉了，但是又不想就此让步。

正在这时，A君走了过来。

他不平静地看着B君说："B君，平时你给了我帮助啊。如果有什么想说的话，就对我说。"

B君将生气的矛头对准了A君："是前辈有什么话想跟我说吧？为什么不说呢？"

B君的内心再次响起了这样的声音："我怎么和A君顶起嘴来了？"B君突然醒悟过来，深吸了口气。喘了口气之后，B君大声说道："嗨，就到这里吧。"然后对科长和A君也说道："就到此为止吧。晚上再去喝。"B君由此止住了自己眼看要爆发的怒气。

在喝酒的场合，人们往往会仔细观察每个人的举止，借此对其进行评价。

人有必要控制自己，既高兴地喝酒，又保持生气的情感"不越线"。

一旦"越线"，就会讲出蛮不讲理的话，过后的收尾也会更难，只能在第二天对对方直接道歉。

“那不是喝酒的场合吗？我不会放在心上的，不用担心。”

这样说的人，心里其实已经介意了。你可以一边做出承蒙对方好意的样子，一边看上去若无其事地尝试与对方交流信息等，让对方觉得你在关心他。这样的收尾工作是必要的。

不能生完气就不管了

虽然生气的内容本没什么错误，但还是生气过火了。自己也觉得“从未生气到那种程度”，因而感到后悔，而生气的对象也变得不高兴。怎么样做收尾工作好呢？不知如何是好。

部下没有完成工作，却进行着无用的辩解，并说着牢骚话：

“基本上没必要附上这些文件吧？”

“格外费事和费时的工作太多了。”

“太忙了，无法集中注意力，所以才出现了错误。”

上司听到这些话，火冒三丈：

“你们还想不想干了？不想听你们说这些话。废话太多了，有那工夫不如把工作弄出结果来。我要的是结果！”

上司这样说了部下之后，第二天看到部下们又感到后悔，但是又很难开口跟他们说出诸如“昨天说过头了，我太不对了”这样的道歉话。况且，自己跟部下所说的话也没什么错误。

上面例子中生气的股长N君，不知“如何收尾为好”。

在这个案例中，第一，首先要就自己说了过火的话向对方道歉。

即坦率地道歉说："我也有点儿急躁，话说得过了火。对不起。"

第二，将收尾当成与部下探讨未能完成工作的原因的机会。工作没有结果、牢骚过多，这样下去，单位的氛围会不断失去活力。这时，可以就存在什么问题、如何解决为好等听取部下的意见，同时也阐述自己的想法。部下的牢骚有时候也会成为你发现问题的线索。

这里介绍一件最近我所见到的发生在车站窗口的事情。

JR（日本铁道公司）的车站窗口，有五名乘客排着队，准备购买旅行车票。这时，一个年轻男子跑上台阶，无视排队的乘客，直接对车站窗口的站员说："请帮我换下零钱。"

站员用责备的语气对年轻男子说道："你没看到他们在排队吗？"这时排队的一名乘客说道："要是换钱的话，就给他换吧，没关系的。"其他的乘客也露出同意的表情。

听到排队的乘客们的声音，站员利落地做出了回应：

"谢谢大家了！换钱的乘客，你请！"

目击了这样的场景，我想到：生气过后如何收尾，直接决定了他人对生气一方的评价。

5. 利落地结束生气的方法

有时生一次气并不能将意思完全传达给对方。更确切地说，多数意思都无法传达。因此，就造成了多次生气的结果。

"我生气了。做事前请一定找我商量。"

"那么点儿小事，不至于生气吧？"

"正生气着呢。因为那对于我来说不是'那么点儿小事'。"

"那件事已经过去了，已经没必要生气了吧？"

"还是生气。我不喜欢你这样的想法。以后请务必和我商量。"

这样也许会被认为啰唆、唠叨，但是正因为这样，对方才能不再无视我的讲话。

说一次不行，就要尝试说第二次、第三次。同样的话被反复强调之后，就会在对方心里扎根。

当对方明确地表示“我明白了”之后，你便可以判断出自己生气的目的已经达到，也就可以说一声“谢谢”，结束生气了。

当目的不仅是“希望对方明白”，还包括“希望对方改正”时，如果对方朝着那个方向行动了，就标志着目的已经达到，生气也就结束了。

“谢谢你能听我的话”，这不单单是感谢之语，同时也是结束生气的一句话。

不过，有的人虽然知道事情结束了，还是会附加多余的话：

“顺便说一句……”

“现在，我再说一遍……”

“不只这件事，你们还……”

这样，又老调重弹，提出其他事情，听的人便会生起气来：

“请适可而止！不要过分！”

这样一来，好不容易给予了理解的事情再次变糟。

当对方已进行语言沟通，目的已经达到时，生气便宣告结束。之后——

① 不再无休止地生气。

② 通过语言向对方传达“生气已经结束”之意。

曾听某位母亲讲过这样的事：

跟孩子生完气后，马上会跟孩子说：“这次就结束了。”

如果不这样宣告结束，孩子就会战战兢兢，一直担心母亲是不是还在继续生气。而知道了母亲不再生气，孩子便松一口气，安下心来。

希望生过气后，事情能干脆利落地收尾。

第五章

关于“应对生气的方法”的心得

▼ 本章要点——应对生气方法的心得【倾听的十个原则】

① 倾听的时候要让对方知道自己在倾听。

② 对方生气时，正是倾听其真话的机会。

③ 不要在意对方的生气方式，而是要倾听其所讲的内容。

④ 不要以“居高临下的态度”为口实来指责对方。

⑤ 通过从对方的讲话中能获得什么，来验证人的善于倾听的能力。

⑥ 在对方讲话时，不要插话。

⑦ 以平静的态度来倾听讲话。

⑧ 当被指出错误时，要坦率地道歉。

⑨ 面对进行大声威吓的对方，要中途停止谈话。

⑩ 要感谢对方对自己生气。

1. 在他人对你生气的过程中成长

“生气的技巧”通过与“应对生气的技巧”相互作用而成熟

本书的前几章一直是以生气的一方为焦点，围绕着“生气这种交流方式如何完成意思的传达以达到目的”等，阐述了相关的方法。

而作为本书的最终章节，本章则站在生气的对象的立场，以应对生气的方法为中心，展开话题。

能够掌握生气方法方面的技巧当然是好事，但是，无论你掌握了多少技巧，如果得不到生气的对象一方的合作，生气方法还是派不上用场。

进一步而言，所谓“应对生气的技巧”，是与“生气的技巧”相偕相生的，两者是一体的。

从生气的一方来考虑，生气本身有其相应的理由。觉得不能允许对方的态度、行为，就会因恼怒而生气。但是，站在生气的对象一方的立场上来看，几乎没有人会喜欢成为生气的对象。

理由之一是，在今天这个时代，生气的人已经很少了，因此，多数人不习惯别人对自己生气。

今天的年轻人中，有的人在参加工作之后，首次面对别人对他生气便产生了厌倦的情绪，继而辞职。此类人面对别人生气时的抵抗力几乎等于零。

理由之二是，如前文所述，社会上那种认为“生气不好”的说法的影响仍然残留着。

从生气的对象一方来看，“别人对你生气”本身绝不是一件令人愉快的事情。另外，认为“生气不好”的想法也发生着作用。

“一旦生气，无论生气的理由多么正确，生气本身都会被贴上‘生气不对’的标签。”

这样的声音现在仍然不绝于耳，在这种状态下，站在生气的对象一方，认为“生气不好”的人在逐渐增加，使得人们“讨厌成为生气对象”的倾向越来越明显。

通过别人对你生气的过程，你能够领会到各种各样的事，内心也会得到巨大的锻炼。

能够对自己生气的人，就是能够给自己带来益处的、值得感谢的人。能否在这种自觉之下良好地接受生气的信息，就成为“应对生气的方法”的要点。

即使抱怨对方“采取高高在上的态度”，也没什么用

已经进公司工作了三年的职员，被年长的上司以严肃的语调提出了警告：

“因为是向公司外部发出的文件，所以一旦发生这样的错误，就非常难办。你也已经工作三年了，怎么连这样的觉悟都没有呢？”

部下辩解说“最近有点儿忙”，又引来了上司更严厉的说辞：

“说到忙的话，大家都一样忙。但错误就是错误。”

部下沉默着离开，却对同事抱怨道：

“犯错误当然不对，但是，用那样高高在上的姿态批评人，真让人生气。”

大家常常会告诫说，上司与部下说话时应该避免用“居高临下的态度”。不过另一方面，最近，生气的对象一方的反应也确实有点过。

“那种做法是错的。”

“在工作方面，你应该更进一步认清自己所处的位置。”

上司好不容易才会说出上述这样的话，以对部下生气的方式表达对其成长的期待，但部下却拿上司“高高在上的态度”说事，认为上司“不该以那种口气说话”，不愿意听从上司的意见，这实际上等于自己毁了来之不易的成长机会。

实际上，即使你对上司的说法做出反应，抱怨其“居高临下的态度”，你也得不到什么。不仅如此，不久之后，你会变得不再愿意听别人讲话，同时，能对你生气的人也渐渐少了。

当别人对你生气时，不要在意对方的说话方式，而是要关注对方讲话的内容，考虑"对方对什么生气""为什么生气""怎么样做才能够改善"等，将其作为帮助自己成长的经验。

2013年9月2日的《朝日新闻》（东京版），以"'生气所产生的推动力'是工作的食粮：寻找最可怕的人"为标题，介绍了落语家[1]桂福丸的讲话。其中，桂福丸指出：

"我经常去寻找对自己来说最可怕的人，然后等待对方对我生气。因为无论在什么样的环境下，最可怕的人基本上就是工作最能干的人，工作能干的女性尤其可怕。"

桂福丸称，"他人生自己的气所产生的推动力"会成为"工作之食粮"——

"例如，光是往工作台上放一件东西，每个人放的位置都会不一样，并且各有各的理由。一件件地记住，避免让上司对你生气的同时，你也就掌握了工作。"

桂福丸现在在关东地区活跃着。他认为：

"可以在这里通过别人对你的生气来磨炼技艺。"

对那种"最可怕的人"，一般人会去躲避，但桂福丸却特意去找这样的人，期待对方对自己生气。

① 落语家，是专门从事落语演出的人。落语演出是类似于中国单口相声的一种演出形式。——编者注

当然，不必刻意去寻找，在单位，上司就在你身边。那个上司“生气”时，你可以去倾听，将之作为锻炼自己、使自己成长的食粮。

其中，有些对你生气的人可能会考虑得更长远。他们认为，你即便现在没有直接接受他们的“生气”，今后也肯定会理解其含义。

而作为生气的对象一方，有的人哪怕当时没有理解对方生气的意图，事后也会将其生气的内容记录下来，制成日记，每年年末时浏览回忆一番。我的朋友F君就是这样的人，他曾说：“现在这（日记）就是我的宝贝。”

2. 生气者需要倾听者的支持，才能达成沟通

对方生气时，正是你“能够听到其真心话”的良机

坦率地讲，别人对自己生气并不是一件值得高兴的事情。你不仅会觉得对方所讲的内容难以入耳，同时，生气本身也让人担心。

也许正是出于这个原因，当看到某人成为生气的对象时，周围的人就会靠近，流露出“真够受的”“没必要那么生气吧”之类的同情表情。但是，来自周围的同情对于生气的对象来说并没有什么益处，反倒容易使其误认为一切都是“生气一方之错”。当别人对自己生气时，正确的态度应该是认真地去倾听。

拥有善于倾听的能力的人，会注意到之前所没注意到的事情、知道之前所不知道的事情，并对对方形成新的认识……努力将难以入耳的负面的东西转化为正面的东西。

关于部下生气时上司的倾听态度，请通过下面的例子进行思考：

客户忽然不讲道理地表示要“从本次交易中撤出”，我非常生气，跟他们吵过架之后，回到了公司。

跟大家说明这事时，大家纷纷说：

“野村君，请平静一下。”

“深呼吸。”

“不要那么着急站起来。”

被他们这样说，我一下子生起气来：“我挺平静的，不需要什么深呼吸！”反而将怒气宣泄到他们身上。

我当时心里想：“出了这样的事情，没有想法才奇怪呢。”

这时，上司插话道：“野村，知道了。然后……”

“嗯。”

“这样啊。”

上司听着我的话，哪怕我思路不畅，说不出话或者结巴，也没停止过对我的呼应，一直对我说：“我在听着。”即使到了今天，我仍然非常感谢上司当时的态度。

当有人生气时，其他人首先会想着让他平静。但是，生气的时候，人是很难平静的，让他平静反而会使他愈加烦恼。

该上司说：

“对方生气时，可以将此当作倾听其真心话的机会。如果打断其倾诉，就是失礼。”

能将对方生气当作打听出其真心话的机会的人，就是做好了接受对方生气的准备的人。

人在平时是不会轻易将真心话说出来的。再加上害羞的缘故，更有人无法说出口。

被怒气所驱使，不知不觉间真话、真心就流露了出来。正因为这样，才是“倾听对方真话的机会”，“打断其倾诉就是失礼”。能够注意到这一点的上司是个“明白人”。

生气者需要听者的支持

之前没有生过气的人下决心生了气，却可能会由于“受气一方不习惯”，而成为“不合时宜的生气”。请看如下的例子：

平时，大家都认为我是个温和、不生气的人。

最近，我也有了部下，有人建议我说：

“生气绝不是坏事。还是生气为好。”

从那以后，我脑子里总是在想：“什么时候好好生一回气。”

某次，在会议上，我正好遇到一件无法接受的事情，当时我就想“就是现在吧”，于是发起火来。但是大家都没有回应，因为不好意思，我又不能再次发火。

大概就在心里决定“就是现在”的那一瞬间，我的紧张感上升。

- 未留意现场的氛围
- 表情僵硬，声音发颤
- 毫无先兆地发怒

结果，我的发言变得与现场的氛围格格不入，造成了冷场。

这时，哪怕有一个人能认真地去听，接受讲话者所传达的意思，对讲话者而言也会成为巨大的支持。当然，在多数人都面无表情的氛围下，一个人要倾听并认真做出反应，也需要勇气。

值得注意的是，如果有一个人能这样做了，这就不仅是对尚不习惯发言的发言者的支持，同时也是对听者的勇气的培养，这对双方都是有益处的。

3. 因对象的不同而改变应对生气的方法

通过提问，让对方注意

知道对方在对自己生气。

但对生气的内容，有时却不清楚。例如，上司对你进行了如下忠告：

“我要想很多问题，做很多事情，请你稍稍站在我的角度换位思考一下。”

确实，科长很忙，每天都要开会，要批阅很多文件，要倾听第一线的声音并做出判断，还不得不面对唠叨的专务董事。

确实感觉科长很“辛苦”，但是，当科长对我说“请站在我的角度换位思考一下”时，该怎么办呢？我不知怎么回答为好。

科长好像有那种事事都要亲力亲为的心理，负责一大堆工作，又不想委托给他人，甚至亲自担任项目小组的负责人，对小组成员的工作也直接插手说：

“如果能制作出这样的资料，会如何？”

“不管有什么事，我都可以帮忙。”

按照现在的状态，科长哪怕有“分身术”也忙不过来，但他还是到处活动。也许是因为这个情况吧，看到部下时，科长就会说：“你们能悠闲自在真好，但能否向我学习一下呢？”接着就像做出决定似的说：“站在我的角度换位思考一下。”

但每次被上司这样一说，部下的干劲儿都会随之下降，因此，近来部下已经感到难以承受上司这种沟通方式，希望能想出什么办法来解决问题。

结论之一是鼓动科长将工作交给自己来办。

部下将上司的“站在我的角度换位思考一下”这句话解释为“请帮助我做事，让我也轻松一下”，然后不停地找机会问科长：

“啊，那个，我来做怎么样？”

“我代替你去吧？”

最初是帮助科长做些小事，然后逐渐扩大范围，促使科长将工作交给自己。

科长原本属于“什么事不自己做就不舒服”的类型，这样下去的话，只有上司一个人在到处忙碌，而部下却得不到锻炼成长的机会。也就是说，这对双方都没有好处。

因为是在鼓动原本不愿将工作交给别人的上司，所以部下必须有工作能力，使上司认为“交给别人（部下）也没问题”。

另外，如果有与上司说话的机会，可以试着问他：“科长总说让我们换位思考，具体要怎么做才好呢？”其实上司也不过是因为忙碌焦躁才说出上述的话，当被问及具体如何操作时，他才会第一次思考自己到底希望部下怎么样做。

“虽然这样说有些狂妄，但是，看到忙碌的科长，总想着能够代替科长做些事情。只要是我能做的，请让我来做。”

通过部下这样展开话题——

- 上司的负担得到减轻＝部下获得成长

对双方来讲，都获得了益处。

通过提问引起上司注意时的要点是，不能采用显得狂妄的语气或说法。因为如果这样，可能会导致上司的反感和警戒，只会增加上司的怒气。

询问出对方生气的根本原因

某位部长动不动就对部下大喊“混蛋”。最初部下们缩着脖子什么都不回应，但后来大家渐渐习惯了，现在就完全把它当作耳旁风，“反正不管我们说什么上司都不会听，只能等待暴风平静”。

这样，在生气与生气的对象之间的关系上，生气一方生完气不问结果，而生气的对象一方对对方的生气也置若罔闻。如果双方不就生气的根本原因进行交流，没有结果的状态就会继续下去。

下面介绍一个上司与部下之间多次“生气”的案例。

在这个案例中，部下是生气的一方，上司是生气的对象一方。在上司眼里，女部下是一个爱发牢骚的部下，再加上上司心里存在着“不敢面对部下”的躲避意识，所以当接近女部下时，上司就开始紧张。当部下抱怨说“科长，又来了？这个还是不行啊！”时，科长就会——

- 显得不高兴
- 想要逃避
- 最终，（科长）反过来也生起气来：“你怎么这样说？其实我也很忙啊。”

面对上司的态度，女部下表示：

“这个文件和上次提交的基本上不是一样吗？”

“一样就不好吗？这个文件应该足以通用了，只不过是你专断地说其不行而已。”

“那你为什么不早点儿拿来？一直放在那里，直到临近截止时间才拿出来，我这边的工作也因此停滞着。”

“因为你最开始也没说出个时间期限来啊。”

“我明确说过的！”女部下大声地发着火。

女部下说的情况也许是实情，但是，对上司这样说话有些过火，最后上司直接抛出了这样一句话：“这样的话，干脆你一个人全做了得了！”单是看两个人的争论，已经瞧不出谁是真正的领导了。因为这样的事情已经重复发生了多次，周围的人看到两个人争论，只会想到“又开始了”。这样的争论本身，在工作单位的那种环境背景下，并不令人喜欢。

之所以出现这种结果，是因为上司没有努力去做部下所委托的事情，而只是马马虎虎地进行了处理。这种态度如果一直不改变，部下的不满、愤怒就平息不了吧?

再加上上司在倾听部下讲话时的逃避性态度，越发导致了部下的不满。

对部下的工作施以援手、进行帮助是上司的责任。如果不能履行这个责任，必然会引起部下的不满——要意识到这一点，并从这一点开始改进。

并且，要认真听取部下的意见。不过，即使是上司，如果部下言辞强硬，上司也会想要逃避。为了中止这种恶性循环，必须认真面对怒气。

女部下面对上司马马虎虎处理工作的态度，也不能一味指责，而是应采取协商的态度。将上司的躲避意识当成好事，进而采取强硬的言辞以满足自己的优越感，这样的话，自己也不可能成长。

无论是生气的一方，还是作为生气对象的一方，都应站在对方的立场，从倾听对方的讲话开始做起。因为最终目的既不是要责难对方，也不是要远离对方。

作为上司，成为部下的生气对象之时，就是考验自身的倾听能力之时。

① 特别在意面子，不接受对方的生气。

② 逃避，不去面对对方的生气。

③ 觉得对方啰唆等，对对方进行顶撞。

上述三点，也是“倾听生气中的妻子讲话时，不应采取的三种态度”。

我本人，当被妻子说到对自己不利的事情时，也曾大声申斥妻子“啰唆”。我内心对此进行着反省。

4. 通过态度表现自己在倾听

越是在自己生气的时候，越要注意自己的态度

人们对自己的愤怒、焦躁很敏感，但是，对他人的愤怒、急躁却往往惊人地迟钝。也许是因为这个缘故，不经意的一句话或某种态度造成对方不快或导致对方生气时，你自己却很难觉察到。

而有时，你“自己倾听时的姿势、态度”可能会进一步激怒对方，结果，使谈话变得更加复杂。

惹对方生气，你进行了道歉，也说了“对不起”，可是，在态度方面，你实际上并没有用心。生气一方就会说“并不是道歉就完了”，并且越说越激动。

倾听时的态度很关键，理由如下：

- 人更容易被眼睛所能见到的刺激所影响
- 人的内心能够从态度上表现出来

以态度表示在倾听

首先要理解：在生气者的情感的背后，隐藏着的是“培养对方”之心。

因胡思乱想而烦恼，或突发的愤怒，都会无意中让人生气。大体上，人的“气”都是这样产生的。

不分对象，动不动就申斥对方为“混蛋”的人，不过是在发泄情感而已，这与向对方传递生气（的信息）是不同性质的行为。

生气的人在意的是自己的“生气”是否能够传达到对方那里。

而成为生气对象的一方，则努力去感知生气者的那种“试图将生气传递出去”“希望对方理解”的心理。

这时，作为生气对象的一方，如果能反馈说“我理解了你的生气”“我是这样理解你的意图的……”，那么，生气的一方也就会安心下来。

其中，有的生气者在生气时考虑的是：自己生气的行为不要伤害到对方、不要使对方失去自信。

这时，如果听者能够回答“我没事，我能理解你的生气”，那么生气者会认为“太好了”“你能理解，我就放心了”。

这些都是非常重要的。

对于选择了“生气”方式的人而言，没有什么能比产生“不生气就好了”这样的后悔想法更冲击其内心世界的。一旦后悔生气，他就会下决心“再也不对人生气了”，结果很容易再次变回为一个不生气的人。

对于“第一次生气的人”或“不习惯生气的人”来说，他们会特别在意生气对象的如下反应：

- 做出可怕的表情，回瞪着自己
- 抱着胳膊，闭着眼睛
- 冷场，无表情

生气者未必都是强硬、蛮干的人。有的生气者自己甚至会变得紧张，身体僵硬。

所以，不要忘记，如果你能向对方传递“我在听着你的讲话”的信息，那就等于给了对方巨大的支持。

倾听时需要留意的三个要点

以态度来表达倾听或传达时，下面三点很重要：

① 关键时候要看着对方

如果视线离开，或始终低着头不与对方对视，那么讲话者就会变得不安。

讲话者表示说“我生气”，而倾听者则最好能够通过眼神来表示接受这句话并做出反应。但是，这时讲话者为什么生气、希望倾听者怎么做，这一点尚不明确。听者可以通过眼睛向对方传达“我想听”的意图。

② 正确的态度

最基本的要求是以平静的态度倾听。

当对方生你的气时，如果你表现出慌张、东张西望等不平静的态度，那么讲话者本人也会变得急躁起来。即便讲话者不会这样，毕竟他正在生着气，所以如果你（倾听者）能采取温和、安静的态度面对对方，也会使讲话者的怒气得到平息。

倾听时有抱胳膊习惯或者不自觉地抖动腿的习惯的人，应该有意识地改变。

如果对方是站着说，那么你也该站着听。这时，无论是单手插兜还是单腿伸出，都会让对方觉得你显示出一种傲慢的态度，这会更加激怒对方——所以，请停止这样的举动。

要双腿并拢、手在身体两侧自然下垂，小腹稍稍收紧，通过姿势让对方觉得你很稳重。

③ 首肯与附和

因为对方在对自己生气便随意点头等表示接受，这样做其实并没有意义。

仔细倾听对方的讲话内容，对觉得“确实如此”之处，可以稍稍加以首肯。如果对生气者的讲话不能接受，可以稍稍倾斜一下脑袋，或在讲话告一段落后进行提问。

附和也要少做。如果对每一件事都做出“原来如此”“这样啊”“确实如此”之类的附和，会让对方感觉你很啰唆。与日常会话不同，传递出“自己在听”这一信息后，在对内容进行确认时进行附和即可。

讲话出现中断或者间歇，其实是生气者在调节自己的情绪或在脑子里组织适当的语言的时刻，此时你只要静悄悄地听即可。

附和中还有表达“共鸣”的附和。

所谓“共鸣”，是指向对方传达“如果自己与讲话者处境相同，也会产生相同的感受”。当上司对自己说“请和我换位思考一下”时，没有同样经历的人是难以产生共鸣的。

当有人说“忙碌的时候，如果别人打个哈欠，就会感到生气”时，如果你也觉得有道理，那就可以表示共鸣。

当由于高层人事发生变动，客户请求说“这次生意就算了”时，担当此业务的公司职员感到很不满，说：“太过分了。”

“这是常有的事，不要因为这样的事情生气。就当给对方施舍了，再寻找新的机会吧。”上司如果直接对部下说这样的话，部下的怒气可能并不会消除。

但如果先接受部下的看法，向部下表示自己有共鸣：

“突然说中止交易，真令人生气啊。”

“确实如此啊，太过分了。”

在表示有共鸣之后，再提出类似于前面的建议，那么建议就容易被接受。

5. 当对方大声喊叫时，你怎么办?

不上对方挑衅的当，表示“你说的意思我没理解”

不经意间怒气上涌，大声喊叫“到底是怎么回事”的人，虽然其生气发生于“不经意间”或“突然之间”，但其实有可能其不满、愤怒的情感早已积聚。

“你什么意思啊？突然大声喊。”

这样一来，就有出现“你来一言，我还一语”地争吵的危险。在对方倾吐出早已积聚在心的怒气之前，最好的办法就是始终倾听。

当对方以威吓自己为目的，对自己大声申斥“你认为这样对吗？”时，

“啊？你再稍稍解释一下？”

你可以以冷静的态度先让对方继续说，然后将自己的想法讲出来。

如果对方为了使你生气而大声挑衅说：“你们公司的产品就是二流产品吧！不想听到你们自以为是的讲话！”此时，即使不是性急的人，也可能会上对方的当。作为听者，可以想一下“延迟反应的规则”，深呼吸一口气。

“你说的意思我没完全理解。”如果这样冷静从容地进行回答，对方就会知道自己的挑衅达到不了目的，并产生“那就重新再商量”的想法。

真正有能力的人会以平静的语气表达生气

因为声音本身具有感化力，所以如果被对方大声训斥，有的人就会“怯场”。

大声地表达生气，最初可能会让对方吓一跳，但是，在经历多次变得习惯之后，就不会再感到害怕。

并且，大声说话的人是为了威慑别人才这样做的，其实不过是为了掩饰其自信心的缺乏而已。

虽然一时会被“大声”所压倒，可一旦想到“对方原来是个没自信的人啊”时，就会逐渐恢复镇静。

真正有自信的人，“会以平静的语气表达生气”。

当对方除了大声说话之外，一边使用各种手段进行威吓，一边生气时——

① 要选择主场而非客场。

② 人不善于面对眼睛能看得到的刺激。进行威吓的一方会利用这一

弱点，因此，要通过和对方保持距离等办法尽量远离刺激。

③ 当对方大声纠缠时，以“既然不能平静地讲话，那就不说了”为理由，中途停止谈话。

应对生气的方法，要通过别人对自己生气来进行锻炼。成为别人生气对象的经历，会使自己得到成长。

后记

“生气不好。”

这是个巨大的误解。而人们之所以“忍耐生气”，其原因，便如本文反复论述的那样。

为什么人们会说“生气不好”呢？因为人们没有认识到“生气也是一种交流（方式）”。

对方对你生气、单方面地对你大声申斥时，若你堵住耳朵表示“你这样说，让我很生气”，这便属于单纯地、单向地发泄情绪。

生气的艺术的出发点，在于改善上述这种“生气时缺乏双向性交流”的状况。

所谓交流，就是向对方传达自己的想法。为此——

① 首先要传达“我在生气”之意

如果感到生气却选择沉默，“生气”便不能传递给对方，现状得不到任何改变。

想改善现状的想法，只有在发出信息之后，对方才会有所反应。

如果进行忍耐，不久之后“爆发”或使“烦恼在内心中积聚”，那就只能使自己受到伤害。

所谓生气，就是以“让自己生存下去、改善现状”为目的的交流。

② 让对方接受“生气的信息”

大发雷霆地申斥对方，得到的是来自对方的“拒绝”和“反抗”，甚至之后可能是“不信任”，这对达到生气的目的没有任何意义。反倒会产生相反效果。

为了让对方接受和理解，需要在传达方法、生气方法上下功夫。本书所叙述的“生气之前应该做的事情”“生气的技巧”等的重要性即在于此。

不是“忍耐”，而是应该在传达方法以及如何维持谈话的方法上下功夫、用心思，以便将生气转化为交流。

不分青红皂白地发出生气的信息，只会成为“谩骂”。

③ 成为生气对象的一方，也应该去倾听、去理解对方为什么生气，并以这种态度去面对对方

生气也是一种交流，这种认识对于倾听的一方也是不可缺少的。

作为生气对象的一方，应该认真接受对方传达过来的信息，将其作为反省自己的机会，这样不仅有利于自己的成长，而且生气的一方也不会因为觉得自己“不该生气”而后退，反倒会前进一步，在如何生气的方法上再下功夫。

只有将生气作为交流来理解，生气才能成为有价值的、在今天来说是必需的交流方式。

福田健